口絵 1　利東街，周思中撮影

口絵 2　利東街で抗議活動をおこなう若者たち，周思中撮影

口絵 3　解体目前の利東街（2007 年 10 月）

口絵 4　スターフェリー・ピア解体工事現場での抗議，周思中撮影

口絵 5　解体中のセントラル旧スターフェリー・ピア（2006 年 12 月），Victor Yuen 撮影

口絵 6　クイーンズ・ピアでの攻防（2007 年 8 月），Victor Yuen 撮影

口絵 7　クイーンズ・ピアでの保存運動イベント，
Ip Iam Chong 撮影

口絵 8　セントラル屋外市場

口絵 9　セントラル屋外市場の一角

口絵 10　屋外市場フェスティバルの開会（2007 年 11 月），
Ip Iam Chong 撮影

口絵 11　URA 再開発の完成イメージ，WCC 作成・提供

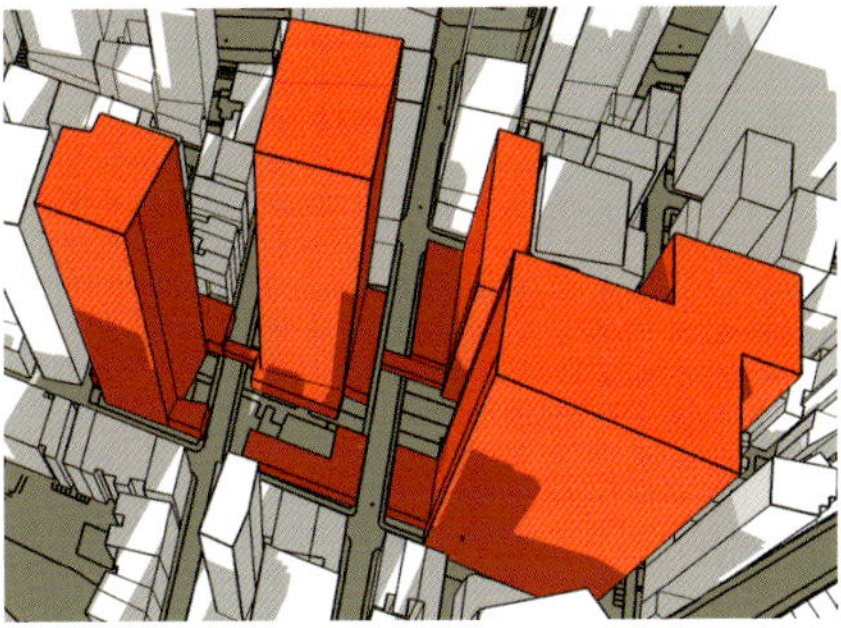
口絵 12　URA 計画，WCC 作成・提供

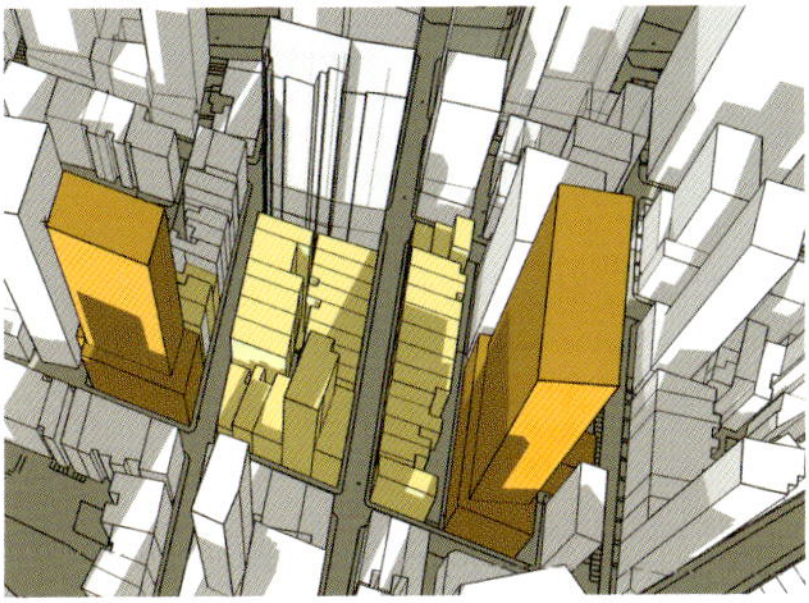
口絵 13　WCC 代替計画，WCC 作成・提供

略称一覧

略称	中国語正式名称	英語正式名称
AAB	古物諮詢委員会	Antiquities Advisory Board
AMO	古物古蹟辦事処	Antiquities and Monuments Office
CHO	文物保育専員辦事処	Commissioner for Heritage's Office
HKIA	香港建築師学会	The Hong Kong Institute of Architects
LDC	土地発展公司	Land Development Corporation
SJS	聖雅各福群会	St. James Settlement
TPB	城市規画委員会	Town Planning Board
URA	市区重建局	Urban Renewal Authority
WCC	国際都会委員会	World City Committee

はじめに

日本において「まちづくり」という言葉やその活動が一般化して、すでに二〇年近くが経過する。一九九〇年代から全国的な広がりをみせている様々な「まちづくり」の試みの根底にあるのは、「地域のアイデンティティ探し」だと私は考えている。都市としての規模にかかわらず、日本の都市はいずれも財政難、人口減少、産業と文化の衰退などの深刻な危機にあり、生き残る術を模索し続けている。「まちづくり」は、他のまちとは違う自分のまちのユニークさを探し出し、定義づけ、まちとしての活力や魅力を得て将来を生き延びようとする試みだ。いずれも同じような顔になってしまい、個性も独自性も失った日本の無数の都市あるいはまちに暮らし、知らず知らずの間に私たちは、アイデンティティの危機に直面している。

日本で生まれ育ったなら自動的に「日本人」として一生を過ごし、「日本人」としての自己アイデンティティに疑問を持つ機会さえない。日本人ばかりで構成されているように見えるこの日本社会だが、在日韓国人、在日朝鮮人、南米から日本へ「デカセギ」に来ている日系人、中国から帰国した残留孤児であった人々とその家族など、多様な人々が暮らす社会であるということを、私たちは知っているようで、実際にはほとんど目を向けていない。「国籍」や「ふるさと」、

「アイデンティティ」という問題に悩まざるを得ない人々が、この日本にも身近にたくさんいるということに、なぜか私たちは気付こうとしない。

日本社会に埋もれる多様性に目を向けず、「日本人」としての自己アイデンティティに疑問も持たない。これは果たして幸せなことなのか。あるいは、私たちは大切な「きっかけ」を気づかない間に失ってはいないだろうか。「自分」とは何者であり、「自分のホーム（故郷）」とは何であり、どこであるか、「ホーム」とは何によって築かれるのか、私たち一人ひとりはこういった自問をすることなく、明日を、将来を、たまたま生まれたこの日本で生きていこうとしている。

二〇〇六年秋、私の学術研究のための香港通いは、たった一通のEメールによる香港大学とのコンタクトを頼りに始まった。香港に知り合いがいるわけでもなく、誰かの紹介があるわけでもなく、正直、十分な予備調査もなく、まだ夏の余韻の残る一〇月の香港に、私は一人降り立った。

今になって思えば、私がこの数年間、香港でしていたことは、無意識の自分の「ホーム探し」であり、「居場所探し」であったのだと思う。私は日本で生まれ育ったものの、今に至るまで「日本人」としての自覚や自負が持てず、日本を自分の唯一の故郷、精神的ホームとする感覚に欠けている。私の実家があるのは首都圏郊外のベッドタウン。典型的な郊外住宅地、核家族ばかりが暮らす、現代のまち並み。これまで日本国内の複数の都市に住んだが、それでも日本は私にとっては唯一の愛すべき「ホーム」と呼べる場所であるとは言い難い。私は、魂がスッポリと収まるように感じる自分の居場所を、この日本に見つけられない。

香港——日本に近く、多くの日本人にとっても観光旅行やビジネス出張、飛行機のトランジット地点として馴染みが薄くもないが、それほど深くもない都市。香港映画によく登場する、路上に大胆に突き出た派手なネオンをまとった看板、細長い高層ビルが針葉樹林のように林立する独特のまち並みに違和感を覚え、人口密度の高さに息苦しさを感じる人も多い。香港では「歴史」や「文化遺産」を楽しむような経験はできない、そう思っている人も多いだろう。

二〇〇七年、香港は中国への返還一〇周年を迎えた。清王朝の一部、イギリス植民地、植民地時代の社会制度を維持した「一国二制度」下での中華人民共和国内の特別行政区——香港は過去一七〇年の間、大国の間で翻弄され続けている。政治だけではなく、香港に暮らす一人ひとりの人生が、翻弄され続けている。

「香港っていうのは、テニスのボールみたいなものなんだ」。

私にこういった香港の青年がいた。そして彼はこうも言った。

「もう僕たちは、テニスボールにはなりたくないんだ」。

香港では今、都市再開発が大きな社会問題となり、市民、政府、学者、メディアなど、様々な立場の人々が日々、「都市環境保全」、「コミュニティ保全」、「文化遺産保存」、「アイデンティティ」、「香港ローカル文化」などについて激しく熱い議論を交わし、様々な活動を繰り広げている。その社会全体を巻き込む高揚ぶりは、私がたじろぐほどの勢いである。ハンストをおこなう市民や逮捕者を出してまで「コミュニティ保全」や「ローカル文化保全」に体を張り、青春を捧げようという若者を、私は日本で見たことがない。香港市民をそこまで駆り立てるものは何なのか。並々ならぬ彼らの情熱が、彼らのどういった想いや背景から生じるものなのか分からず、私はただただ驚いた。

香港通いを重ねるにつれて私が気づいたことは、選びたくても選べない「ホーム（＝香港）」を、生きやすく、愛することのできる場所にしたい。香港市民の誰もが、そういう想いを抱いているということだ。

香港の今を「まちづくり」や「アイデンティティ」の視点で見つめる時、私たちは自分自身の「ホーム」を、まちを、生き方を、そして将来を見つめることになる。

本書の意図するところは、まちづくりの先進例として香港から学ぼう、ということではない。社会背景があまりに違う香港と日本を単純に比較することには無理があるし、香港で実践されている制度や市民運動を、そのまま日本に当てはめてもおそらく機能しないだろう。本書で紹介する、現代香港で起きている出来事を辿りながら、私たち自身がどういう都市を、まちを、コミュニティを、社会をつくっていきたいのか、そしてどういう暮らしをし、何を大切にし、愛し、育んでいきたいのか自問をし、私たち自身の明日と将来に思いを馳せていただきたい。

本書の大まかな流れは以下のようになっている。

第一章では本書のキーワードを紹介する。

第二章では香港の都市史を概観する。

第三章では香港都市再開発の歴史を概観し、現在の問題を整理する。

第四章では「利東街」という都市再開発の具体例を見ながら、香港市民社会の大きな変化の意味を探る。

第五章では利東街の精神を受け継いで展開された「スターフェリー／クイーンズ・ピア保存運動」を詳細に見る。都市再開発への反対運動にとどまらず、民主化運動、そして特に若い世代のアイデンティティ探求と「防衛」という新たな展開を見せた、この運動の歴史的背景をたどる。

第六章では先行する運動に影響を受けて展開し、「香港ローカル文化」の保全を明確に打ち出した、「セントラル屋外市場保存運動」を見る。

第七章では他の再開発問題で展開された市民運動の影響を受けつつも、抵抗運動とは一線を画した独自のコミュニティ創造型草の根プロジェクトとして際立った存在感を持つ、「ブルーハウス・コミュニティ・ミュージアム」を紹介する。
第八章では、本書で見た事例を通し、現代香港社会の若干の側面を整理した。
本書で紹介する事例全ては、本書刊行時点では、進行中の運動／プロジェクトであるため、その最終的な顛末を紹介することはできない。しかし、それは本書にとって、さほど重大な問題ではない。私が注目しているのは、それぞれの運動や活動のプロセスであり、背景だからである。そこから私たちは、香港の現在の姿と過去を知ることができる。

本書は私の単著として世に出るが、大部分の内容は、香港の友人たちから聞きとったことをまとめたものである。この本の本質的な内容に、以下の友人たちが多大な無償の協力と貢献をしてくれたこと、彼らは実質的にはこの本の共著者であることを冒頭に記し、心からの感謝を表したい。

羅雅寧（Katty）、周思中（Chow）、陳景輝、陳達義（肥陳、Terence）、何来（Loy）、朱凱迪（Hoi-dick）、薛德敖（Kelvin）、Tammi Wong, 歐贊年（Jeffrey）、黎嘉駿（小田）、麥鋒慈（Bee）、呉永順（Nelson）、林中偉（Tony）、李翠媚（Mei）、金佩瑋（Gum Gum）、鄧小樺（Siuwa）、林木（Kit）、

鄭敏華（Patsy）、冼惠芳（Sin）（順不同、敬称略）

二〇〇九年二月

福島綾子

目次

第一章
都市香港を読み解くためのキーワード

セントラル地区のヴィクトリア港
埋め立てを見つめる市民

「歴史も情緒もいらない都市」と表現される大都市、香港。一九九七年に英国植民地から中華人民共和国の特別行政区になって一〇年以上が経過する香港は今、その巨大都市をどのように定義し、市民はどのような「アイデンティティ」を有しているのだろうか。

本書では、香港で近年大きな社会問題あるいは社会現象となっている都市再開発、コミュニティや歴史的場所の保存運動の具体的事例を取り上げ、その展開を追いながら、背景となっている歴史や社会制度を振り返りつつ、現代香港社会のいくつかの側面の理解を試みる。

具体的な事例を見る前に、本書全体に関わる重要なキーワードをいくつか挙げておく。ここでは、これらキーワードの詳細な定義をするのではなく、一般的な定義を概観し、基礎認識を得ることのみを目的とする。むしろ、読者が本書で紹介する事例を読んだ後、これらキーワードの自由な定義を、それぞれ考えていただきたい。

1　アイデンティティ

アイデンティティは、「人格における存在証明」[1]であると共に、「ある人や組織がもっている、他者から区別される独自の性質や特徴」である。自分は何者であるかという、個人の心の中に保持される概念であり、個人あるいは集団が持つ、共同体（地域・組織・集団など）への帰属意識である。その帰属根拠は、共通の文化、政治形態、経済、民族、言語、血縁関係、宗教、居住域、国家、国籍、記憶などがあり、場合に応じてこれらの要素が取捨選択され、アイデンティティは形成され、また変容していく。さらにアイデンティティは、一人ひとつに限られたものではなく、しばしば重層的である。

ホール（Stuart Hall）は、二種類の「文化的アイデンティティ（cultural identity）」のコンセプトを定義している。

第一の文化アイデンティティは、「ひとつの共有された文化、ある種の集合的な「唯一の真の自己」として定義される。人々は同じ歴史と祖先を共有しているという、表面的、人工的に付与された「自己」である。この定義では、文化アイデンティティとは、共有された歴史的経験と文化的行動規範を反映するものである。そしてそれは、現実の歴史は移り変わりを続けるにもかかわらず、安定し、不変で、かつ継続的な「ひとつの集団（one people）」像をつくり出す[2]」。

第二の文化アイデンティティは、第一のアイデンティティが語る「私たちは本来何であるのか（what we really are）」ではなく、「私たちは何になったか（what we have become）」という視点を持つ[3]。アイデンティティは、不変の永遠性の上に構築されるのではなく、恒常的な変容を続け、「継続的な歴史、文化、権力の所作（play）に影響を受け続ける[4]」。そして、「この第二のアイデンティティによってのみ、私たちは、トラウマ的性質の「植民地経験」を正しく理解できる」、とホールは述べる[5]。

2　都市

本書では近代都市としての香港、すなわち、イギリス植民地となって以降の香港領域内の都心部を対象地域とする。紹介する具体事例は、全て香港島北部エリアに位置する（図1－1参照）。

都市（city）あるいは都市部（urban area）とは、建物や公園などのオープンスペース等の人工構造物が高密度に集中し、また人の往来や活動が集中する場所である。都市は多くの場合、行政・商業が集中する中心業務地区（都心部）を内包する。都市には、その他にも教育機関や住宅などあらゆる要素が集中する傾向がある。この点で、都市はその周辺の郊外や農村地域と異なる。

二〇〇六年時点の香港の総面積は一、一〇三・九七平方キロメートル。うち、九龍半島の九龍市街地の北にある新界（New Territories）と呼ばれる、いわゆる郊外地域と離島が合計九七六・五七平方キロで、総面積の八八％強を占める[6]。新界は中国と国境を接する香港の内陸部であり、意外に知られていないが、今でも、同一氏族を基本に構成される小規模集落や自然保護区が多く存在する。戦後は新界でのニュータウン、ベッドタウン、商業エリアの開発が進み、現在は、新

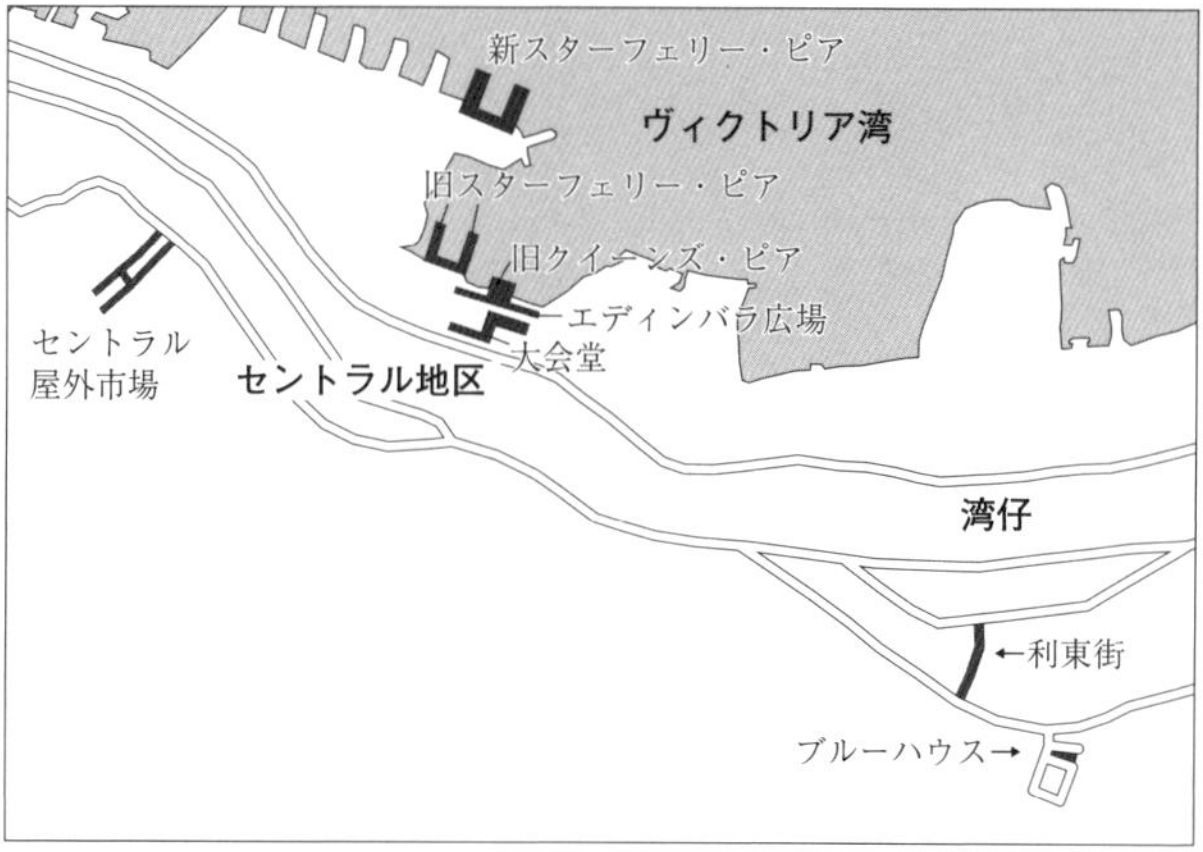

図1－1　香港島北部

界の鉄道沿線を中心とした多くの地区が都市化されている。しかしながら、これら新興都市圏は香港島北部や九龍市街地とは歴史的に異なる文脈を持つため、本書においては同列に論じない。

　香港島と九龍市街地を合わせた都市部面積は、総面積のわずか一二％弱に過ぎない。二〇〇八年の香港の総人口は約七〇〇万人である。香港島の居住人口は約一二八万人、九龍市街地は約二〇二万人、香港島と九龍市街地の都市部合計人口は三三〇万人であり、全人口の半数近い数が、領土の一二％に集中していることになる。

3 ホーム

日本語では「故郷」あるいは「ふるさと」、中国語では「家郷」であるが、「家郷」はしばしば、自分自身の出身地ではなく、祖先の出身地を意味する。本書では、ホームとは、物理的な「居場所」や「住処」、「出生地」としての場所よりもむしろ、現時点で居住しているか否かにかかわらず、個人が精神的な帰属意識を持ち、アイデンティティや愛着の感情を寄せる場所、安全であり居心地が良いと感じる場所と捉える。祖先の出身地の意味では用いない。

注

(1) 参考文献6
(2) 参考文献8、八頁
(3) 参考文献8、一〇頁
(4) 参考文献8、一〇頁
(5) 参考文献8、一〇頁
(6) 香港特別行政区政府「香港統計数字一覧 二〇〇七年編訂」二〇〇七年一一月

第二章 植民地都市・香港の形成

解体前のクイーンズ・ピア（2007 年 3 月）

「異／移郷人（The Aliens)」

Many years ago I came around here（私がここに来たのはもう随分前のことだ）
Left my village for this city town（故郷の村を離れて、この都会へやって来た）
I raised my kids and I built my life（子供を育て、生活を築いてきた）
Tried to find a way to get by and survive（何とか日々を生き抜こうとやってきた）
Life's been good and I got more（生活は良くなり、たくさんのものを手に入れた）
Though we have share of agony for all（皆が苦しみ悩んできたけれど）
I was the migrant but I've found my life（移民だったが、自分の人生を見つけた）
I don't wanna be an alien anymore（もう、よそ者ではいたくないんだ）

Forget the fatherland the childhood friends（祖国を、幼なじみの友達を、忘れよう）
Better teach our children about a different scheme（子供達には違う社会の仕組みを教えよう）
As life's been good and we've climbed the class（生活は良くなり、より上の社会階級に這い上がってきた）
To a livelihood we've never feel so good（こんなにいい気分の暮らしはしたことがない）
Dump the aliens past I'm now the national（よそ者だった過去を捨て、今私は市民だ）

Gotta safeguard these my interests and my job（自分の利益と仕事を守らねば）
For those coming now let's fence them off（これからこの社会にやって来ようとする者たちは
拒絶しよう）
I don't wanna see an alien anymore（もう、よそ者は見たくない）
（Blackbird, 曲・詞：郭達年、筆者訳）

これは、Blackbird（黒鳥）という香港人バンドが二〇〇二年に発表した楽曲の歌詞である。一人の移民の物語にのせて、二〇世紀の戦争前後から現在までの典型的な香港人・香港社会を象徴的に描き出している。ここに描かれている体験・記憶は、全ての香港人が直接あるいは間接に共有するものである。

現代の香港――フリーポート、国際金融都市、株式市場として世界的な地位を確立し、富豪も庶民も株や不動産投機に熱中し、人々は豊かな生活を享受する都市。そんな香港の人々に、返還前から現在まで一貫して付きまとって離れない問題、それは国籍や自己アイデンティティを、どう認識し選択するかである。「香港人」として香港に住み続けるべきか、香港以外の国に移住し外国籍を得るべきか、自分は「中国人」なのか「香港人」なのか、またはその両方なのか。どこで、いかに、何者として生きていくのか、という極めて深刻な問題を、返還交渉が一九八〇年代に始まって以来、二〇年間以上、香港に住む一人ひとりが突き付けられている。

1 清王朝領土から英国植民地へ

イギリス植民地となる以前の十九世紀前半までは、香港は清王朝の辺境に位置する農村・漁村が点在する地域であり、都市としての機能は全くなかった。

一八四〇年にイギリスが仕掛けたアヘン戦争に敗れた清王朝に対し、一八四二年、イギリスは南京条約という不平等条約を突き付けた。清はイギリスに対する多額の賠償金、および広東、上海、福州、寧波、厦門の開港、そして香港島の永久割譲を余儀なくされた。一八五六年には第二次アヘン戦争が勃発、そして一八六〇年、再び北京条約という不平等条約を清王朝は締結させられ、香港島対岸の九龍市街地がイギリスに永久割譲された。清王朝のさらなる弱体に乗じ、一八九八年、イギリスは更に九龍半島全体の租借を迫り、新たに清と条約を締結した。こうして新界(New Territories)の九九年間のイギリスへの租借が決まった。イギリス植民地としての香港はここに完成した。

2　都市としての発展と領土返還

植民地化後まもなく、大型船舶に適した港の存在が手伝って、造船業や海運業が発展した。一九五〇〜六〇年代は、林によれば、自律的香港政治および経済システムの確立した時期である。[1]香港政庁の経済における自由放任主義、極めて低い所得税率や自由貿易、そして豊富な中国人労働力を背景に、紡績などの軽工業が発展した。その後、地場製品輸出基地、中継貿易基地、中継加工貿易基地へと転換し、急速な発展を続けていく。[2]一九八〇年代以降、製造業は中国大陸に移転し、香港は国際金融および貿易センターとしての新たな展開を始める。

一九八二年には、一九九七年の新界租借期限を控え、香港返還をめぐる英中交渉が始まった。二年後の一九八四年九月、租借地のみではなく割譲地を含む香港の領土全面返還が合意され、英中合意文書が調印された。そして九七年以降の香港政治経済の基本体制として「一国二制度」を実施することが、この時に正式決定した。英中間の返還交渉は、しかしながら、一貫して香港市民不在であり、香港の頭越しにロンドンと北京の間で全てが決められていった。

一九九〇年代に入り、香港経済は更に高度成長を遂げ、国際都市としての地位が確立されていった。返還後二十一世紀に入り、大きな政治的動揺もなく、香港経済はおおむね好調が続いているが、経済は中国本土依存体質をしだいに強め、都市としての独自の競争力を徐々に失いつつある、という指摘がある。(3) 都市の発展は飽和状態を既に遥かに超えた状態が続いている。そのような状況下で発生したのが、次章以降に見てゆく様々な都市再開発問題である。

注

(1) 参考文献3、二一〇頁
(2) 参考文献1、七九頁
(3) 深川耕治「連載ルポ・変わりゆく香港「一国二制度」年の実験　第一一回　辺縁化の危機」中国情報源、二〇〇七年五月一五日

第三章
香港都市再開発の歴史と問題

ヴィクトリア港保全キャンペーン（2008 年 11 月）

1　市民参加の発展過程

日本でも、まちづくりが話題になる時には必ず「市民参加」や「協働」といった言葉が登場する。具体的事例の紹介に入る前に、こうしたキーワードを若干整理しておきたい。

まちづくり市民参加の発展過程の有名なモデル概念として、アーンスタイン(Sherry R. Arnstein)の「市民参加の梯子(A Ladder of Citizen Participation)」(一九六九年発表)がある。それによると、市民参加には図3－1のように八つのステップがあり、八の方向にゆくほど、市民参加の高度な実現とされる。

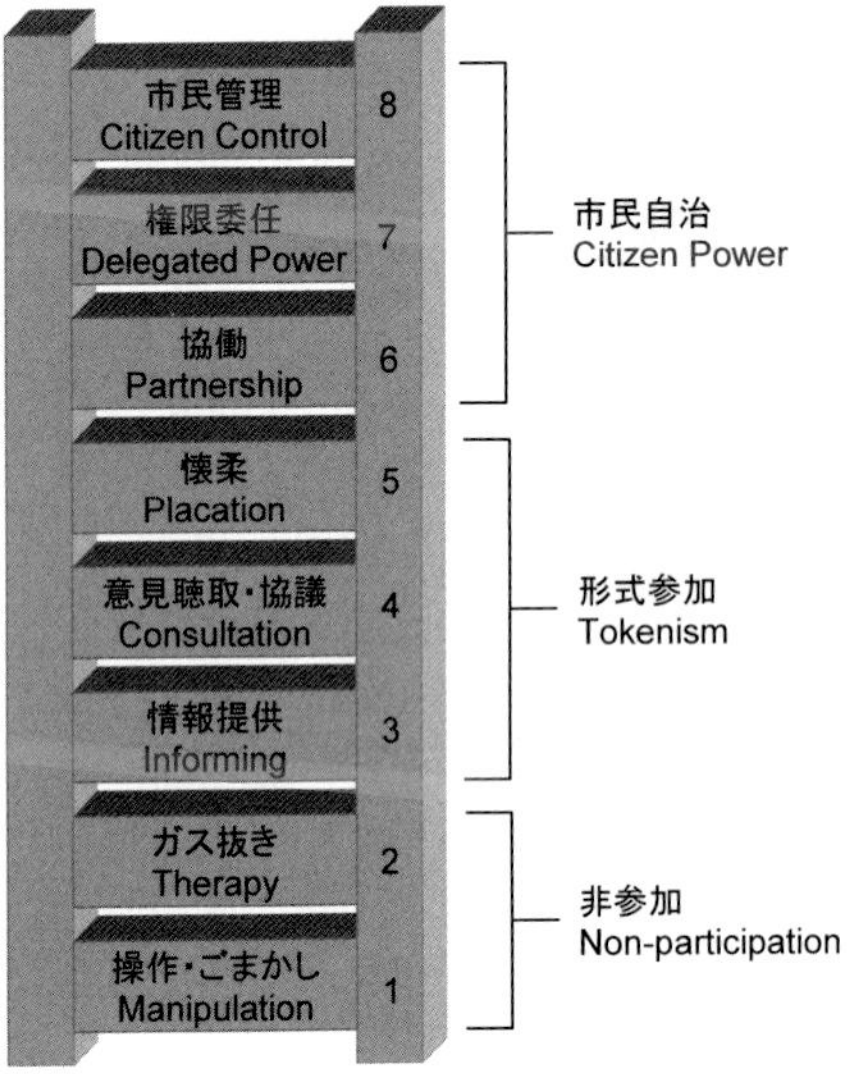

図3－1　市民参加の梯子

次章に紹介する利東街の運動が始まっ

た二〇〇三年当時、香港社会は、このモデルの一〜三の段階にあった。すなわち「形式参加」のみで、本質的な「市民参加」も「自治」も存在しない社会状況であった。利東街住民が主体的におこなった「民間参与規画」は、コミュニティが運動と計画の主体となるものであり[1]、市民参加のモデルでは、最も発展した段階に位置づけられる六、七、そして八の「自治」までをも目指した、高度に民主的・画期的な取り組みであり運動であった。

2　香港の都市再開発とその争点

都市再開発に対する住民運動が起き始めた背景を理解するため、香港都市開発・再開発の歴史を概観したい。

戦前〜一九六〇年代　唐楼のまち並み

一九〇〇年頃から一九六〇年代までの香港の都市景観を形成していた主要な要素は「唐楼《とうろう》」である。

「唐楼」とは中国南部と香港に見られる建築様式で、十九世紀半ばから一九六〇年代までに建てられた住商混合用途の建物である。唐楼は一般的に、早期のものは三階か四階建て、後期にな

図 3－2　1920 年代建設の唐楼，湾仔

ると六階から九階建てくらいまでがある。第二次大戦後に建てられたものでもエレベーターがない。多くの場合、地上階部分は店舗や作業場などの商業スペース、二階以上が住居スペースとして使用される。早期唐楼の構造はレンガおよび木造、一九三〇年代以降になると、鉄筋コンクリートが主要な材料に取って代わる。

伝統的な中国建築は平屋が多い。香港での土地不足と人口急増は、戦前においても深刻な問題であった。そのため、平屋よりも多くの人数が居住可能な唐楼が、都市の発展に伴い次々と建てられ、香港の都市景観を構成する主要な要素となった。唐楼での生活については、星野の著書『転がる香港に苔は生えない』に実体験が詳しく綴られている[2]。筒抜けの騒音、トイレや下水管の頻繁な故障、ネズミの来襲、と唐楼においては日常茶飯事の様々なトラブルと共に、唐楼ならではの隣人関係のありよう、香港社会における唐楼の位置づけを知ることができる。

香港において一九六〇年代以前を経験してきた人の大多数は、極めて狭く、また、しばしば環境の良くない唐楼などの集合住宅やバラックに住み、もちろんそこにはエアコンなどなかった。従って、夏の暑い日には人々は皆、路上に出て暑さしのぎをせざるを得なかった。路上は必然的に、人々の社交場となっていた(3)。現在も見ることのできる、路上で様々な日常生活や商業活動や娯楽が展開される香港の「路上文化」は、唐楼主流のこの時代に、その基盤が形成された。

一九七〇〜一九九〇年代　都市再開発の始まりと加速

一九六〇年代から続く人口急増と経済成長を受け、七〇年代には都市再開発が始まった。香港都心部の土地は非常に小規模に分割された区画に、土地使用権の保有者、複数の不動産所有者、複数の不動産賃借人が存在する、極めて複雑な状況になっている。所有者の所在が不明なことも稀ではなく、開発業者にとって、再開発用地の買収交渉は困難を極めるものである。民間ディベロッパーは土地の使用権は購入しても、その上に建つ不動産そのものは価値が低いので購入・賠償しない傾向があり、所有者との交渉もしばしば頓挫した。用地取得だけに一〇年以上もの時間がかかることも珍しくなく、従って再開発の速度は非常に遅いものとなった。そのため、民間ディベロッパーにとって都心部での大規模再開発は、コストパフォーマンスの面からも魅力に乏しいものであった(4)。一方、香港政府は公営住宅の建設とニュータウンの開発には熱心であったが、民間所有の住宅の再開発には積極的な介入はほとんどおこなわず、民間ディベロッパー任せであった(5)。

そのような中、一九八四年の英中共同声明において以下の事項が決定された。それは、声明の調印日から一九九七年の返還までの期間、香港政府による土地売却は年間五〇ヘクタール(〇・五平方キロメートル)に制限すること、そして地価収入の半分は返還後の特別行政区政府の資産として保留しておくことである。

五〇ヘクタールという規模は、それまでの政府の年間土地売却総面積をはるかに下回る規模であったため、市場の土地供給不足と政府の地価収入不足が予期された(6)。地価収入不足を補うためには、より地価の高い都心部の土地使用権を売る必要がある。そのため政府は一九八〇年代後半以降、開発の重点を郊外のニュータウン開発から、都心部の唐楼などの古い建物が密集する地区(「旧区」と呼ばれる)の再開発へと、大きくシフトさせたのである(7)。都心部再開発を加速する必要性に迫られていた政府が、そのミッションを担わせるために一九八八年に法定団体として設立したのが「土地発展公司(Land Development Corporation, 以下LDC)」である。LDCのミッションは、民間ディベロッパーとパートナーシップを組み、スクラップ・アンド・ビルド型の大規模都市再開発をより組織的におこなうこと、所有者との用地取得および賠償交渉を専門におこなうことであった。

一九九七年までは右肩上がりの好景気を背景に、LDCの事業は順調であった。またこの時代までは、評論家の梁《レオン》・文道《マントウ》がいうところの「固有の定理」、すなわち、「古い地区の唐楼は新たな商業開発に場所を明け渡し、小市民の生計はディベロッパーの利益を阻害してはならない」という定理が、社会全体で共有される意識であった。しかしながら、一九九七年のアジア金融危機の後にLDCが着手した二五件の新規事業が、景気後退のために頓挫し、一九九八年にはLDCは事実上の倒産状態に陥った。

二〇〇〇年代　都市再開発の社会問題化

LDCの破綻を受け、都市再開発の新しい政府系機関として二〇〇一年五月、「市区重建局(Urban Renewal Authority, 以下URA)」が発足した。URAはLDCの未完了事業二五件を引き継ぎ、二〇〇九年二月時点でさらに二〇〇件もの新たな再開発事業を予定している。URAはLDC同様、純粋な政府機関でも民間企業でもなく、政府機関の発展局(Development Bureau)の管轄下に置かれる準政府機関である(図3－3参照)。URAの経営は自主採算であるが、事実上

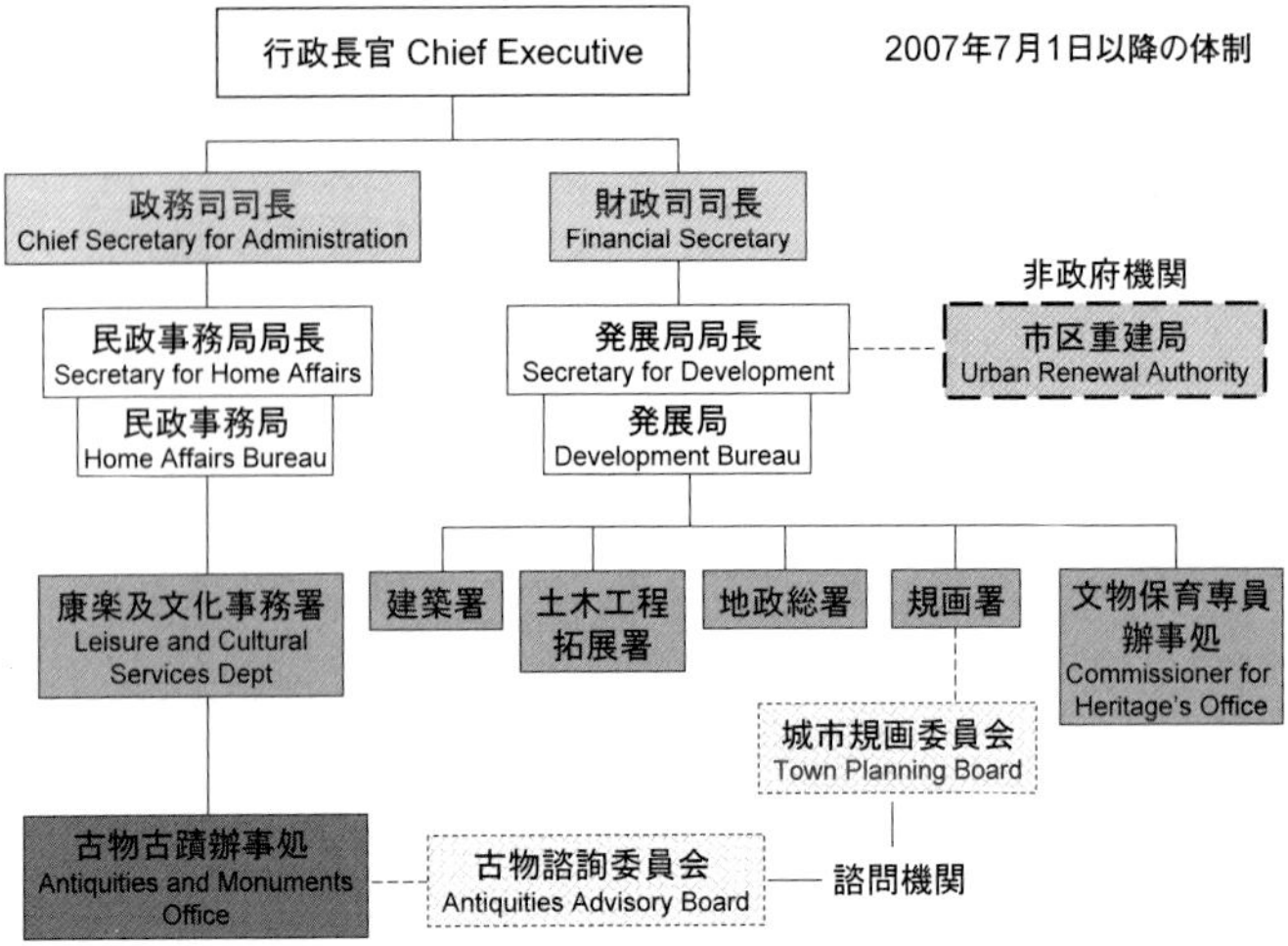

図3-3　香港政府組織図（関係機関のみ）

は、政府が立てた政策の実行部隊として再開発事業をおこなっている。

ＵＲＡは「市区重建策略（Urban Renewal Strategy, 都市再開発政策）」（二〇〇一年）の中で、組織の主要事業として、再開発、古い建物の補修、古くからある地区の再活性化、文化遺産保存の四つを挙げている。都市再開発の一環としての既存建物の改修や修復、歴史的建造物の保全といった観点は、ＬＤＣの時代にはなかったものである。

ＵＲＡは再開発用地取得に関し、民間ディベロッパーにはない強力な権限を与えられている。それは「収回土地条例（Land Resumption Ordinance, 土地収用条例）」という条例であり、ＵＲＡは法的に土地収用を強制執行することが可能になっている。

「都市再開発条例」及び「都市再開発政策」には、更に以下の項目がＵＲＡの基本方針として明記されている。それは、計画最終決定以前の「パブリック・コンサルテーション」が必要であること、「以人為本（people-centered, 市民を第一に考える）」の再開発アプローチをとること、都市部住民の生活の質の改善が都市再開発の目的であること、特定の市民の合法的権利を犠牲にせずに関係者間の利害を調整すること、地区の特色及び住民間の人的つながり（社会ネットワーク）を保全すること、である。

3　都市計画審議委員会（ＴＰＢ）

政府諮問機関である「城市規画委員会（Town Planning Board, 都市計画審議委員会、以下ＴＰＢ）」は、ＵＲＡと共に香港都市計画において、重要な決定権を担う機関である。ＴＰＢは政府の規画局（Planning Department, 計画局）を指導する立場にあり、規画局は都市計画の実務部隊である。ＴＰＢの役割は、香港の都市計画および政策の立案、都市計画事業の審査、計画原案縦覧に対して出された市民からの意見を考慮し、必要な修正をおこなうことである（図３－３参照）。ＴＰＢ委員は、議長・副議長、五名の政府職員の委員、そして三〇名の民間委員からなる。民間委員は大学教員や民間専門家などで構成される。

4　香港の文化財行政と政策――二〇〇六年以前――

都市保全は文化財行政とも密接に関連するため、香港ではどのような文化財保存行政がなされているかを概観する。二〇〇七年に文化財行政に関する大きな組織改革があったが、それについては第七章5で詳述する。

文化財行政の主体　古物古蹟辦事処（AMO）と古物諮詢委員会（AAB）

不動産・動産文化財行政は主に「古物古蹟辦事処《こぶつこせきべんじしょ》（Antiquities and Monuments Office, 以下AMO）」によって実施されてきた。図3－3に示すとおり、AMOの政府内での位置付けは、日本でいうならば省レベルに相当する機関である「民政事務局（Home Affairs Bureau）」の下部組織「康楽及文化事務署（Leisure and Cultural Services Department, レジャー及び文化事務署）」の更に下部である。一九七六年に施行された「古物及古蹟条例（Antiquities and Monuments Ordinance）」に基づいて設置された「古物諮詢委員会（Antiquities Advisory Board, 文化財審議委員会、以下AAB）」が民政局長の諮問機関として存在する。AABはAMOに助言・指導する役割を担い、香港の文化財保存政策の中枢を担う専門家組織である。AABの委員は行政長官によって任命される。二〇〇八年末時点の委員数は二三名で、学識経験者やNGO関係者、議員などから構成される。

文化財指定制度に「法定古蹟（Declared Monument）」というカテゴリーがある。これは、日本でいうところの「国指定重要文化財」に似た保存制度であり、その種類には「建物、構造物、遺跡、その他の場所」がある。法定古蹟は法律に基づき政府が「指定」するものであるため、物件の修復や改修などの現状変更に対し、法的拘束力および強制力を持ってコントロールすることが可能である。二〇〇八年末時点で八六件の法定古蹟が指定されている。AABは「法定古蹟」の推薦、そしてそれらの修復方法に関する助言等をおこなうが、「推薦」するだけで「指定」の権限は与えられていない。実際に、指定決定権を持ち公告をおこなうのは、二〇〇七年六月までは民政事務局局長（Secretary for Home Affairs）であった(8)。最終的な指定には行政長官の承認が必要である。

また法定古蹟とは別に「已評級歴史建築（Graded Historic Buildings and Sites）」という文化財登録制度がある。二〇〇八年末時点で四九一件が登録されている。この「歴史建築」制度には法定古蹟のような法的強制力や保護力はなく、登録はその文化財価値を認めるのみである。登録制度そのものがAABの非公式な「内部参考資料（internal reference）」という位置づけにとどまっている。歴史建築には、AABによって一～三級までのグレードが各登録物件に与えられ、それぞれのグレードに従って保存の努力が「勧告」されるが、登録物件のいかなる改変や取り壊しにも、政府が法的に介入することはできないし、修復や維持管理のための資金援助をすることもできない。

一九九九年　文化財政策の強化

先述したように、文化財保存に関する条例は一九七六年につくられたが、香港で文化財保存行政が本格的に始まったのは一九九九年であるといわれている。当時の董建華行政長官がその年の施政報告（Policy Address, 施政方針演説）の中で、香港政府の政策の一つとして、初めて文化遺産保存を語ったからである。その中に以下のような言及がある。「（前略）文化遺産保存の概念は、全ての古い地区の再開発事業に取り入れられるべきである。政府は既存の文化遺産政策と関連する法律を見直し、歴史的建造物と考古遺跡の、より効果的な保護に取り組む(9)」。

この演説の重要な点は、再開発において、文化財保存を考慮する必要性に言及したことである。一九九九年はちょうどＬＤＣからＵＲＡへの移行期に当たる。ＵＲＡの政策にも、再開発における文化財保存の必要性が明言されていることも、この施政報告と軸を一にする政府の政策転換の現われである。

文化財行政の問題点

二〇〇三年には政府による既存の文化財行政の見直しが始まった。政府民政事務局は、以下の事柄を当時の文化財行政の問題点として挙げた[10]。

・市民とコミュニティの参加の不足
・保存する文化財の価値評価方法が不明確
・現行の古物古蹟条例の実効力不足。条例は事実上、法定古蹟の保護しかできない
・街区や地区などの面的保全手段の欠如
・経済的インセンティブの欠如

文化財保存行政の問題が議論され始めたのは、これが初めてだったわけではない。長年AABの議長を務めた龍炳頤（David LUNG, デイヴィッド・ロン）は、一九九〇年代からAMOの体制や条例の不備を指摘している。龍炳頤は前述した問題以外に、植民地としての政治的事情が、香港の文化財行政に長く影響してきたことを指摘している。つまり、植民地政府は香港の中国文化を積極的に保護することを避けたため、返還後にやっと保存の議論ができるようになった、という社会的事情がある[11]。

文化評論家であり、かつて台湾の台北市文化局初代局長を務めた龍應台（LUNG Ying Tai, ロン・インタイ）は、民政事務局の体制そのものの不適切さを指摘している[12]。民政事務局の主要業

務は、公共施設の維持管理、保健衛生などである。そのような機関の「文化・レジャー」を扱う署内に「文化財」は位置づけられている（図3－3参照）。AMOは、日本でいうところの「省」に相当する「局（Bureau）」の下に位置する「署（Department）」よりも更に下位の、龍應台曰く、「三級」部門として位置づけられている。こうした位置付けはすなわち、香港政府上層部には文化的思想や視野が全く存在しないことの現われであると指摘している。

またAABの元委員たちは、AABの問題点として、AABは法的拘束力を持つ決定権がないため、法定古蹟の決定・指定権限がないこと、AAB委員は全員、政府が指名した人物で構成されており、民主的な委任方法ではないことなどを指摘している[13]。

5　都市再開発問題の争点の整理

本節では、香港都市再開発に共通する問題を整理する。

土地所有制度

イギリス植民地となってから一貫して、香港の土地は全て政府所有である。一九九七年の返還後は「香港基本法」第一章第七項に基づき、政府から個人や法人または団体等に五〇年間の土地

「使用権」が貸与（grant）される「土地租用制（leasehold system, 借地制）」である。これはイギリス本国でも実施されていなかったシステムである。

この借地制のために、土地の賃貸収入は、全て所有者である政府の歳入となる。所得税率が低く抑えられている香港では、政府が土地の使用権を開発業者に売る「地価収入」は政府財政の大きな柱となっている。二〇〇六年の地価収入は政府収入の一三％を占めた[14]。返還交渉が始まる直前の一九八一年には、地価収入は政府歳入の、実に三八％強にも達していた[15]。

土地の賃貸収入に政府が過剰に依存しすぎたことが、今日の再開発問題を招いている主因のひとつである。この現象は「官商勾結（Business-Government Collusion）」と近年呼ばれるもので、香港政府と政治が香港経済界と強く結びつき、財界と政界の利益ばかりが誘導され、また優先されている社会的仕組みである[16]。

日本のように土地所有制度がフリーホールド制であり、国土の六割以上を私有地が占め、国公有地が四割弱という状況においては、香港のようなドラスティック、かつ大規模な政府主導の再開発は今日ではほとんど起きない。香港の再開発問題は政府借地制に起因する現象ともいうことができる。

土地不足と市場主導型開発

香港全体が深刻な土地不足なのかと言えば、必ずしもそうではない。香港には全領土の約四割もの面積を占める自然保護公園区域が存在する。開発可能な場所が、それ以外の区域に限定されているため、その範囲内で土地不足が発生しているのが実情なのである。広域な自然保護区域の指定は、単に環境保護目的だけではなく、都心部の地価を高いレベルで維持したい政府の隠れた意図があるともいわれる。

一九六〇年代から続く人口増と経済成長は、一貫して香港の土地と住宅価格を上昇させてきた。二〇〇七年一〇月の中小型の住宅価格水準は、香港史上最高値を記録した、一九九七年の返還バブル時の水準の八割にも達した(17)。香港の不動産価格の継続的な上昇の要因は、銀行の利子や不安定な株よりも、安定的ではるかに高い収入の期待できる家賃を目的に、不動産投資が活発におこなわれているためである。香港市民が不動産投機にそれほど熱中する他の理由は、日本の年金制度のような、老後の生活保障制度が整備不十分な香港の社会状況にもある。そのため人々は、老後の生活を保障してくれるのは不動産しかないと考える傾向がある(18)。また、ただ真面目に働くだけでは資産を増やして社会階級を上げることは一生できないので、巧妙な不動産投機によって資産増加と社会的地位の上昇を果たそうとする賭けは、香港社会では極めて一般的である。

こうした一連の背景が、絶え間ない不動産需要を下支えしている。

一九九二年の鄧小平の南巡講話の際に語られた発言のひとつに「発展才是硬道理（Development is the Irrefutable Argument, 発展は否定することのできない論理である）」がある。[19]これは中国大陸向けの発言であったが、香港においても当てはまる「定理」として、長らく語られてきた。経済発展を社会の最優先事項、そして香港のアイデンティティそのものであるとし、その結果、民主化や文化、環境問題などの議論は全て後回しにされてきたのである。

再開発計画への市民参加の欠如

都市再開発及び都市計画の条例には、計画案の最終決定前の住民への諮詢や説明が謳われている。しかしながら、再開発事業への市民参加の機会は、縦覧された計画原案への文書での意見表明、そして必要とされた時のみのヒアリング、関係者を集めた説明会やパブリック・ミーティングである。ワークショップなどのより踏み込んだ市民参加は、必要不可欠な行政プロセスとは位置づけられていない。再開発地区の住民には、移転か継続居住か、事業を実施するか否かなどの選択肢は実質的には与えられておらず、最初から権利が奪われた形で再開発事業は実施されてきた。ＵＲＡは、過去にワークショップやパブリック・コンサルテーションを実施してはいるものの、結果として、直接的な利害関係者である住民組織の代表者をワークショップに敢えて招待しなかった、意図的に開示されない資料やデータがあった、移転を強要された、などの批判が噴出している。

再開発に伴う住民への賠償方法

移転に伴う住民への補償方法については、現金による補償の場合、対象物件が住居か事業所かによって若干違いがある。所有者居住住居の場合、複数の不動産鑑定士によって算出された、対象物件の平均査定額が物件所有者に支払われる。これに加えて、同じ地区内の築七年の同等面積で、空室状態である不動産価格と対象物件査定額との差額が支払われる。これは近所の別物件への移転を補償する意味合いがある。

補償額を「妥当・公平」と受け止めるかどうかは、市民間でも意見の違いが大きい。URAは客観的な査定による公平な補償であると主張する。しかしながら、湾仔《ワンチャイ》やセントラルなど、都心部の一等地でおこなわれる再開発の場合、補償金額の範囲内で、同じ地区内で同等面積の不動産を、市場価格で新たに購入あるいは賃貸することは、ほぼ不可能なのが現実である。特に地上階の物件は不動産価格が極めて高く、補償額では同等の代替物件を得ることはできない。そのため、地上階で店舗経営をする事業者は特に移転を拒むことが多いという。一方、都市部内でも、中心部から離れた地区の再開発の場合、URAの提示する補償金額は、特に低所得者である所有者や賃借人にとっては、必ずしも低過ぎる金額ではない。URAの収用を期待して、古いアパートを売らずに所有し続ける住民も少なくないという。こうした多くの低所得者層の住民にとっては「補償の額」が最重要事項である。従って政府は、一部の市民は単なるレント・シーカー(rent seeker, 制度などを利用して労せずに金もうけを目論む者)だとたびたび批判する。

転居先の家賃が以前より高額になることも多い。特に大陸からの新移民などの低所得者層にとって、生活環境は極めて悪いが、家賃が極めて安い都心部のアパートは、彼らの生活基盤そのものである。都心部に居住すれば、職場に近いことが交通費や通勤時間の削減にもなる。転居先が遠くなれば、通勤や生活そのものへも大きな影響を与えるが、URAの補償ではそういった事情は考慮されない。

補償の別の方法として代替不動産としての公営住宅への転居がある。この補償方法は住居テナントであり、かつ公営住宅入居条件に該当する者、つまり一般的には、低所得者層のみに適用される。公営住宅は、都心には存在せず、都心からは遠く離れた新界などのニュータウンに集中している。従って、セントラルや湾仔などの都心部に住んでいた住民が再開発事業のために公営住宅に転居する場合は、近隣地区内での転居は不可能であり、遠く離れた地区へ必然的に転居せざるを得ない。

移転を求められた住民の九割は、URAが提示した補償額に同意し転居に応じるといわれる。

しかしながら、ある調査によれば、ＵＲＡの賠償に応じたテナントのうち六割は、「賠償に応じる以外には何も選択肢がない」ために応じたと回答している。[20]このことは、都市再開発プロセスへの市民参加が存在していないことを物語っている。

社会ネットワークの崩壊とコミュニティの変質

古くから発展した地区であればあるほど大きな問題になるのが、コミュニティの人的繋がりの崩壊、いわゆる「社区網絡（social network, 社会ネットワーク）」の破壊である。「社会ネットワーク」とは、長年の間に築かれてきた、地区内の目に見えない住民間の人間関係、商いや生活における相互扶助、いわば「近所付き合い」を意味する。

社会ネットワークの成立は、難民・移民社会としての香港の都市的性格に起因する。戦争前後、大陸から大量に移民が流入した時代には、新しくやって来た移民にとって、親戚や同郷者が構成する社会ネットワークが仕事や住処を見つけ出す唯一の有効な手段であった。現代の社会ネットワークの具体例は、近所同士で子供の面倒を見合ったり、大人同士でも単身者や高齢者を近所の住民が気にかけ、しばしば食事に呼んだり、おかずを差し入れたりする。近所が皆顔見知りで、路上では常に誰かが世間話に興じている。安心感が持て、不審者や犯罪者が入り込むリスクも少ない。「街路はひとつの大家族のようなものであり、その街路に建つ一棟の集合住宅はひとつの家族のようなものだ」。再開発事業が集中する湾仔地区の住民はこう述べている。仕事面でも、顧客を紹介したり、同業者であれば仕事を分担しあったりする。こうした相互扶助は金銭の授受なしでおこなわれる。古い地区には往々にして特定業種が集中している。次章で紹介する湾仔の喜帖街（Wedding Card Street，ウェディング・カード・ストリート）は、そうした地区の典型例であった。九龍市街地の波鞋街（Sneaker Street，運動靴街）、花屋街（Flower Market）、金魚街（Goldfish Street）などは、今でも活気ある特定業種集中型の街路である。これらの場所は特定業種の小売店が集中することで全体としてのビジネスを維持している。「成行成市（同種のビジネスの集合が有機的にビジネスのセンターへと成長する）」と言われる社会のあり方である。

「社会ネットワーク」は特に低所得者の集まる「旧区」では、住民たちが生活していく上で必要不可欠な仕組みとなっている。従って住民たちが移転によってバラバラになり、社会ネットワークを失うことは、彼らの生活や生業の大きな変質を意味する。

高齢者にとっては転居は特に深刻な影響をもたらす。あるソーシャル・ワーカーはこう語る。高齢者の世界は極めて狭く、若者のような広がりは持たない。若者はケータイ電話でいつでもどこでも誰とでも繋がることができるが、老人たちはそのような世界は持たず、自分が歩いて行動できる範囲が世界の全てである。何十年も見知って助け合っている近所付き合いを別の場所で一から築くことは、高齢者にとっては精神的・身体的に大きな負担となることが多い。

前項で述べたように、多くの再開発事業に影響を受けた高齢者が転居する公営住宅は特に都心から遠く離れた場所にあるため、転居に伴って、彼らの生活環境の全てが激変することになる。

再開発後、対象となった地区と更にその周辺地区に発生するのが「ジェントリフィケーション(Gentrification)」である。すなわち、元々の住民であった低所得者層が再開発によって中産階級の富裕層と入れ替わり、地区の社会構成が大きく変質する。一般的に香港の新築高層アパート一棟には五〇〇世帯ほどが入居する。新たな住民層の出現に伴い、中産階級のニーズに応じた、グローバル化されたビジネス形態のスーパーマーケット、コンビニ、カフェやファースト・フード店、高級レストランなどが地区に一斉に入り込む。再開発がもたらす家賃上昇に持ちこたえられなくなり、かつ、従来の顧客も失った小規模自営業のローカル・ビジネスは相次ぎ閉店・撤退、更にグローバル・ビジネスとの入れ替わりが加速する。たった一棟のアパートの再開発でも、近年のアパートは六〇~九〇フロアもの超高層、巨大規模であるがゆえに、既存コミュニティ全体を変質させ、既存の社会ネットワークを完全に破壊する影響力を持つのである。

都市再開発の理念に対する批判

URAが設置されて間もない二〇〇二年の時点で既に、香港大学の伍美琴(Ng Mee Kam, ン・ミーカム)はURAの都市再開発ストラテジーの問題点を指摘している。[21] 伍は、URAが示す都市再開発とは、純粋に「ハード志向」、すなわち、劣化した建物の取り壊し、衛生施設やエレベーターなどの導入、火災対策などに限定された物理的再開発であり、ソフト面、すなわち社会ネットワークや住民たちの生活状況や地区経済の成り立ちなどといった非物理的な要素を一切考慮していない、そしてＵＲＡの政策では「都市再開発（redevelopment）」はできても、「都市再生（regeneration）」はできない、と述べている。

庶民にとっては、再開発によって享受できると政府が従来宣伝してきた恩恵は、実際にはほとんどなく、ＵＲＡが謳う生活の質は改善するどころか、半強制的な移転や前述した様々な悪影響により、生活は悪化するだけだという受け止め方が、ここ数年の間に急速に共有されてきた。市民は再開発行為そのものを否定しているわけではない。再開発はどの都市にとっても必要な行為であることは、香港市民の誰もがよく理解している。批判の対象となっているのは、その再開発の思想と方法である。先述したように、政府やＵＲＡが都市再開発の名の下におこなっているのは、現実には再開発ではなく、古い建物と地区を一掃してディベロッパーに売却するという、単純な営利行為に過ぎないということに市民は気づき始めた[22]。

再開発対象となる、いわゆる「古い地区」は、いずれも「スラム」ではない。犯罪者の巣窟となっているわけでもない。人々は経済的には貧しく、現代的な衛生設備が整っていない場合も多いが、大半の人は働き、それぞれ自力で生活をし、社会ネットワークという、目に見えない秩序によって地区は健全に維持されている。決してスラム・クリアランス[23]の手法を必要とするような場所ではない。しかしながらＵＲＡは公然と、"urban decay/urban blight（都市の荒廃）"、「スラム」という言葉を全ての古い地区に一般化させ、トップダウンの「ブルドーザー方式」を正当化しながら、再開発を続けている[24]。こうした政府の姿勢に、住民の不満が爆発したのが、後述する二〇〇三年以降に見られる社会現象である（第四章8参照）。政府の姿勢への反発は、香港が守るべき、また残すべき文化的資産とは何であり、香港のアイデンティティとは何かという議論を社会にもたらした。大型ショッピングモールや超高層ビルはもう要らない。では、その代わりに香港が都市の、社会の誇りとできるようなものは何なのか。それに対する答えが、唐楼や低中層のアパート、屋外市場といった、これまで懸命に破壊を続けてきた「古いモノ」や「古くからのコミュニティ」、「ローカル・ビジネス」への回帰と再評価として表れてきたのである。

注

（1）参考文献16、一四二頁
（2）参考文献4
（3）参考文献10、一〇一頁
（4）Hastings, E. M., and Adams, David "Facilitating urban renewal -changing institutional arrangements and land assembly in Hong Kong" in *Property Management*, Vol.23 No.2, 2005, p. 113

（5）参考文献24、一四一頁
（6）参考文献7、四〇―四五頁
（7）参考文献7、四〇―四五頁
（8）二〇〇七年七月以降の主管は発展局局長（Secretary for Development）に移行している。これら一連の改革については第七章5で詳述する。
（9）原文 "Preserving Our Heritage（私たちの文化遺産の保存）" Paragraph 133 "Preserving Our Heritage" in The 1999 Policy Address, http://www.policyaddress.gov.hk/pa99/english/speech.htm, 筆者訳。
（10）Home Affairs Bureau "Culture and Heritage Commission Policy Recommendation Report: Government Response" http: //www. hab. gov. hk/file_manager/en/documents/policy_responsibilities/arts_culture_recreation_and_sport/GovtResCHCReport.pdf, 2004, p. 5
（11）参考文献12、七二―七三頁
（12）参考文献12、序三
（13）朱凱迪「改革開放―香港古蹟保育制度論壇」委員促請政府増強古諮会権力、InMedia, http://www.inmediahk.net/public/article?item_id = 254089, 二〇〇七年八月一九日
（14）林望「古き良き香港守れ　記憶の遺産　開発と保存（4）」アサヒ・コム、二〇〇七年一二月一八日
（15）参考文献7、三七頁
（16）参考文献17、一〇〇頁
（17）「四年昇七十％ 楼価達九七年八成 中小型単位需求殷 議員倡復建居屋」明報、二〇〇八年一月五日
（18）参考文献4、四二―四三頁
（19）参考文献18、一三四頁

（20）参考文献16、一二二頁
（21）参考文献24、一四三頁
（22）参考文献16
（23）スラム・クリアランスとは、「スラム化した不良住宅の密集した地域を好環境な住宅地域に改善すること」（建築用語．ｎｅｔ）
（24）Barry Cheung "The need for a sensible balance in urban renewal" South China Morning Post, 二〇〇八年一一月一八日；Barry Cheung "A balancing act to help the urban poor" South China Morning Post, 二〇〇八年一一月二五日

第四章
都市再開発への市民参加を求めて

——利東街の闘い——

周思中撮影

最初に紹介する事例は、二〇〇三年に起きた「利東街《リートンガイ》（Lee Tung Street）」の再開発における住民運動である（図1－1参照）。利東街では、香港ではかつて例のない種類の反対運動を住民たちが繰り広げたこと、そして香港で初めて、住民から政府へ向けてのボトムアップ提案型「民間参与規画（市民参加計画）」がおこなわれたことにより、香港の都市再開発史上、そして社会運動史上に名を残す出来事となったのである。

利東街のある湾仔《ワンチャイ》は、香港島都心部に残された数少ない下町のひとつである。湾仔の西側は香港の政治経済の中心地である中環（セントラル）と金鐘（アドミラルティ）に接し、東側は香港きってのショッピングエリア銅羅湾（コーズウェイ・ベイ）に接する。植民地化後すぐに開発された古い市街地である湾仔では近年、地区の至る所でおこなわれる再開発に伴い、様々な社会問題や論争が集中的に発生している。

湾仔には長期間居住している住民が多く、他地区に比べて濃密な人間関係を維持するコミュニティが存在することも特徴である。そのような背景もあり、湾仔ではコミュニティが都市再開発に積極的に関与をはじめ、再開発への市民参加のパイオニア的地区となった。

図4－1　再開発のための建物収用が進む利東街（2007年3月）

1　利東街の概要

利東街は、特に結婚式の招待状や祝儀袋などを専門に扱う印刷業者や小売業者が集中する街路、通称「喜帖街（ウェディング・カード・ストリート）」として有名な地区であった。

利東街は早期の埋め立てによってできた造成地に位置する（図1－1参照）。利東街の街路と地割ができ上がった一九二〇年当時の建物は、ほとんどが三階建ての唐楼であった。一九五〇年代に香港で最も成功した中国系商人の一人である利希慎《レイ・ヘイサン》の弟・利希立《レイ・ヘイラップ》が経営していた企業 Lee Tung Construction Co. が利東街の再開発をおこない、五〇年代に、建物は六～七階建ての唐楼にほぼ全て建て替わった。利東街の名称は、この利氏一族に由来する。同じく五〇年代に、政府が

図４－２　利東街のウェディング・カードを売る店舗，柏齊撮影

印刷業者を集中的に利東街に集めたことが、印刷業を中心とする利東街の、その後数十年続く歴史の始まりだった。印刷業を営む店舗は、唐楼の一階路面部分が店舗、奥の空間を工場とする形態が一般的である。各種印刷業主が利東街に集まったことで、ワンストップの印刷サービスが提供されるようになった。一九七〇年代に、印刷業者たちはウェディング・カードやお年玉袋の印刷を始め、八〇年代には、それが利東街の特色として有名になり、「ウェディング・カード・ストリート」と呼ばれるようになった。

二〇〇〇年代の再開発時に利東街に建ち並んでいた建物は全て、五〇～六〇年代建築の唐楼群であり、都心部では戦後の建築様式を一体的に留める、数少ない場所であった。再開発前には約二〇軒の中小規模の印刷業者が利東街で営業していた。ウェディング・カード・ストリートとして有名な場所であるとはいえ、利東街の事業者はいずれも零細企業であり、住民も低所得者層に属し、かつコミュニティの年齢層は高い。利東街の住民や事業者は、半世紀以上の歳月をかけて濃密なコミュニティとしての凝集力、相互扶助の関係、帰属感とアイデンティティを育んできた。

2　利東街再開発計画　H15

二〇〇三年一〇月、URAは事業予算三億五、八〇〇万香港ドル（約四一億円）の利東街再開発事業（事業番号H15）を発表した。対象地は利東街以外に、廈門街、太原街、春園街を含む八、九〇〇平方メートル、影響を受けるのは五四棟の建物、六四七の事業者、九三〇世帯に及ぶ。事業内容は、利東街については、全ての土地と建物の使用権および所有権をURAが購入し、全住民を地区外に転居させ、既存の全ての建物を取り壊し、その後、民間ディベロッパーと共同再開発をおこない、住宅および商業用の五〇階建ての超高層ビルを建てるというものであった。

3　H15再開発事業の争点

「楼換楼、舗換舗」社会ネットワークの保全

利東街再開発問題における住民たちの要望は、いたってシンプルで合理的なものであった。再開発後も、元の住民は利東街に居住できること、事業者は再び利東街に店舗を構えられること、すなわち「楼換楼、舗換舗（住居は住居で、店舗は店舗で補償せよ）」が唯一の住民たちの要望であり、URAが掲げる理念によれば、当然与えられるべき権利のはずであった。

利東街のビジネスは印刷業であるが、更に店舗ごとに業務内容が細分化されている。例えば、「利是封」と呼ばれるお年玉袋を専門とする店、結婚式の招待状や祝儀袋、あるいはカレンダーなど、それぞれの店に専門性がある。利東街の印刷業は全体として専門性に幅を持たせ、かつ店舗同士が顧客を互いに紹介し合うことで、顧客網と、印刷関係のことなら利東街に行けば何でも対応できるというビジネス形態、そして事業者間の相互扶助のネットワークを長年かけて構築してきた。利東街内での「楼換楼、舗換舗」が保障されずに住民たちが散り散りになれば、こういった、目に見えないコミュニティネットワークは瞬く間に失われる。住民が再開発事業に反対してきた理由は、この事業が実施されれば、従来のままビジネスを続けることができない、すな

わち今後の生活そのものが成り立たない、生活の質の改善どころかさらなる貧困に陥る、という切実で現実的な事情である。

二〇〇四年の住民集会では、出席した四〇〇人以上の住民のうち八〇％以上が、同地区に継続して居住したいという希望を表明した[1]。しかしながら、二〇〇六年九月時点で移転した住民のうち、同じ地区内に移転先を見つけることができたのは二六％にとどまった[2]。

移転補償の不透明性と不適切性

二〇〇三年、URAによる補償交渉が始まった。URAの賠償規定は第三章5に先述した、現金補償が主な方法である。しかしながら、URAが採った実際の賠償方法は、事業対象地内の一〇軒の不動産価格を鑑定士に評価させ、その平均を賠償の価格とするものであった。この賠償価格は、URAが基準とするはずの、湾仔地区に存在する築七年の物件の販売価格を下回る額であり、住民たちは地区内での移転、継続居住と営業が実際には不可能であることに気づいた。

URAは賠償交渉の過程において、不動産所有者たちと「保密協議（秘密協定）」を交わすことを要求し、住民間での「法定賠償金」の額に関する相談や議論を、法的に制限する手段をとった[3]。その協定によれば、賠償額などを他人に知らせることは法的に禁じられており、もしその協定を破れば、法的に罰せられる。この協定によって、住民たちの団結が大きく阻害されたと

図４－３　路上ワークショップでの利東街ダンベル・プロポーザル模型，H15 Mr. Wong撮影

いう。

再開発事業コンサルテーション・プロセスに対する不満

二〇〇四年の住民に対するアンケート調査によれば、七二％の住宅所有者がＵＲＡのコンサルテーション手続きに不満を持っていると答え、店舗を所有する事業者は全員が不満であると回答した(4)。しかしながら、選択の余地はないとあきらめる住民が多く、事業開始後間もない二〇〇四年時点で四一％の住民が既にＵＲＡの賠償に応じた。

4　利東街H15コンサーン・グループ

二〇〇三年一〇月のＵＲＡによるH15事業公表を受け、その同じ月のうちに、事業の影響を受ける利東街及び周辺の住民と事業者たちは「H15重建項目関注組（H15 Concern Group, H15再開発事業コンサーン・グループ）」を結成した。この日以降四年以上にわたって続く闘いが始まった。H15コンサーン・グループは、「社会ネットワークと地区の特色の保全」、「楼換楼、舗換舗」をスローガンに、URA、TPB、発展局等の政府機関と真正面から対決した。

住民たちが再開発計画への反対運動を始めた当初は、URAや関係政府機関に対し、再開発後も同じ地区に留まりたいという希望を伝え、計画変更をひたすら訴えた。しかし、訴えるだけでは埒が明かないことに気づいた住民グループは、二〇〇四年以降、有志の都市計画や建築、社会学等の専門家、大学の研究者、ソーシャル・ワーカー、区議会議員などと共に、市民による提案型再開発計画（「民間重建方案」）の作成に着手した。住民や多種多様な参加者たちは、新計画案作成の過程で都市計画の法令や制度、またその問題について熱心に学び、URAや政府と対等な話し合いができるよう、努力を重ねた。毎週末や平日の夜に、住民たちはボランティアの専門家を囲み議論や検討を重ね、建築模型も素人の住民たちの手で作り上げ、活動資金のほとんども住民たちが負担した。グループは、一二回の住民総会、五回のワークショップ、七回のパブリック・コンサルテーション、四回の路上展示会、一七〇回以上ものミーティングを重ね、香港史上初の、ボトムアップによる再開発計画案を作り上げた。

5 「ダンベル・プロポーザル」――ボトムアップの再開発計画――

二〇〇五年二月、H15住民グループは彼らの手による再開発計画案「ダンベル・プロポーザル（啞鈴方案）」をTPBに提出し検討を申し入れた。

「ダンベル・プロポーザル」の内容は、URAの案とは異なり、既存の一九五〇～六〇年代の唐楼を街路の中央部分に残し、街路の両端に、五棟の二〇階建て程度のアパートを新築することを提案している[5]。この設計がダンベルのような形であることから、「ダンベル・プロポーザル」の呼び名が付けられた。新築する住居棟は約九九六ユニットを供給する。計画では、元住民で希望する者は継続居住を可能にし、新築ビルの地上から三階までには店舗を入居させ、既存のビジネスが再開発後も営業を続けられるよう配慮がなされた。利東街を全面歩行者専用道とし、交通量をコントロール、オープン・スペースや必要な公共施設の配置、屋上庭園設置、再開発後の収益は、投資額を確実に回収できるよう計算され、事業としての経済性も実現する内容であった。また、建設工事を段階的に実施することで、移転による住民生活とビジネスへの影響を最小限にする配慮もなされている。

ダンベル・プロポーザルは、社会ネットワークから唐楼に至る無形有形の両面で、持続可能な開発の可能性を示す具体的提案であり、URAがおこなうはずであった「以人為本（市民中心）」の再開発を具現化したものであった。そして何より、市民参加・協働・提案のプロセスを経た、民主的な「まちづくり」そのものの提案だったのである。

6　ダンベル・プロポーザルをめぐる政府との闘い

計画提出翌月の三月、住民からの再開発計画案を受けたTPBは、住民グループの思想と自発的な取り組みを評価しつつも、技術的な問題を理由に提案を受け入れられないことを決定した。否決の理由は「現存する樹木の記録と保全方法が明確でないことと、交通量の試算が十分になされていない」ということであった。これを聞いた住民たちは、「樹齢二十数年の樹木にはこれほど配慮がなされるのに、五〇年近くもこの地区に居住している住民には何の配慮もなされないのか」と嘆息した[6]。

提案否決直後に住民グループは、TPBが計画不足と指摘した樹木と交通量の影響評価をおこない、五月、プロポーザルをTPBに再提出し再検討を申し入れた。しかし七月、TPBは再度提案を拒否した。

住民グループは、TPBの議長であり、同時に政府の規画地政局の常任秘書でもある人物の意図的な誘導によってTPBの議論が進められていると批判した。URAの計画案は、敷地内の歴史的建造物保存、交通量、社会ネットワーク保全方法、容積率の計算方法など、様々な問題があるにもかかわらず、それらがTPBに指摘あるいは問題視されることは一切なかった。

住民グループがTPBとの攻防を続ける間にも、URAによる用地取得は進められていた。二〇〇五年六月までに、八五%の所有者や賃借人が、URAが提示した賠償（四、〇七九香港ドル／平方フィート）に応じ、土地あるいは物件を引き渡した。住民の過半数は、最終的には選択の余地はないと感じていたからだ。

それでも住民グループは屈することなく、H15計画大綱が十分なコンサルテーションを得たものではないと主張し、二〇〇五年一〇月、TPBに審議の延期を認めさせた。しかしその翌月、URAは「収回土地条例」に基づき強制的な土地収用を開始した。同じ月、住民グループの「ダンベル・プロポーザル」が香港プランナー学会の二〇〇五年度銀賞を受賞した、という朗報が届いた。二〇〇五年一一月六日、利東街の土地と不動産の所有権および賃借権は全てURAによって取得された。

二〇〇六年に入ってもなお攻防は続き、住民たちはTPBに再検討を申し入れたが、住民たちはもはや不動産所有者や土地賃借人ではないという事実が影響し、ダンベル・プロポーザルの受け入れは不可能とされた。二〇〇七年五月、TPBはURAの事業計画案を最終審議するための審議会を開いた。審議会の前に実施された最後のパブリック・コメント受付期間には、二六七件もの計画に反対する意見書が寄せられていた。URAが最終的に提出した計画は、多くのパブリック・コメントが表明した意見を若干取り入れ、開発密度を当初計画よりも低くしたものであった。五月二一日、TPBはURAの計画案を最終的に承認した。この最終決議によって、URAは事業を実行に移すことが法的に可能になった。この後も退去を拒否して利東街に住み続けた住民は、政府に告訴されたという。二〇〇七年一一月、敗北が確定した状況になってもなお、住民グループはTPBへ「改良計画案」を再度提出、審議を要求した。二〇〇七年一二月下旬、住民たちがTPBによる計画案の審議結果を待っているさなか、収用された建物の取り壊しが始まった。この突然の工事強行の事態を受け、最後まで事業に抵抗していた住民であり、H15住民グループの中核メンバーでもある初老の女性は、政府発展局の林局長への面会を求め、役所前でハンガーストライキを実行した。しかしながら、局長との面会が叶わないまま女性は体調を崩し、病院へ運ばれた。政府の言い分は「TPBに出されるあらゆる提案を全て検討しなければいけないというならば、香港のあらゆる事業の計画や実施は困難になるだろう」というものであった。

四年に及ぶ闘いの結果、利東街住民たちの希望が叶えられることはなく、彼らの利東街は消えた。

7　利東街の消滅

二〇〇七年一〇月、私が利東街を訪れた時には、すでにほぼ全ての住民が立ち退き、シャッターが下ろされたビル群が延々と連なる様は、都会の真ん中に突如現われたゴーストタウンのようであった（口絵3参照）。

結果としては、利東街の住民が数年間にわたって展開した再開発計画見直しの訴えは実らず、政府の当初案が基本的にそのまま実施され、全住民が再開発に伴う犠牲を強いられる結果に終わった。印刷業をはじめとする事業者たちは利東街を離れ、散り散りになり、「ウェディング・カード・ストリート」は消滅した。移転した先で事業を再開しても、顧客の大部分を失うこととなり、家賃を払いきれず、その結果、一部の事業者は閉業せざるを得ない状況に追い込まれた。廃業まで至っていなくとも、貯金を崩して辛うじて生計を立てている、ほとんど廃業同然の事業者も少なくない。転居先になじめない住民は、毎日利東街にやって来ては、鎖のかけられた無人のアパート群を見つめていたという。

二〇〇七年一二月下旬、ＵＲＡは再開発計画の新たな詳細を発表した(7)。利東街の「ウェディング・カード・ストリート」としての地域特性にちなみ、結婚をテーマとした「囍園」という名前

図 4－4　工事の進む利東街に設置された，再開発後のイメージ図

のウェディング・ショッピング・モールを再開発事業の一環として設け、各種の結婚サービス業者を入居させ、一帯を「ウェディング・シティ」として整備する。かつて利東街で営業していたウェディング・カード印刷などの結婚ビジネス業者は、優先的にこのモールに入居することができるよう配慮する。さらに、利東街近くの戦前の唐楼を、香港で初めてとなる結婚をテーマにした「婚嫁文物館」という博物館にする、というものである。

二〇〇八年一月、私が利東街を再訪して目にしたのは、建設現場である街区を囲むトタン板の隙間から見える更地に堆積した瓦礫の山と、それを片付ける重機であった。全ての建物は取り壊されていた。そこにはかつての住民生活や闘争の痕跡のかけらさえ、もはや見つからない。

しかしながら、二〇〇九年を迎えようとする時期になっても、H15計画は、事業の影響を受ける周辺地区住民からの激しい抵抗に遭っている。

8　市民運動の転換点としての利東街とその背景

利東街という画期的な運動がなぜ起き得たのか、その社会的背景は何だったのか。利東街運動実現の、直接あるいは間接の要因となった出来事を見てゆく。

二〇〇三年という香港社会の転換点

二〇〇三年七月一日の返還記念日は、香港社会の大きな変化あるいは転換を決定付ける日となった。この日、当時の行政長官の辞任を要求する大規模な反政府デモがおこなわれた。このデモは五〇万人という空前の規模となった。二〇〇三年の「七一デモ」がこのような規模になろうとは、市民たちも政府も誰も予期せぬ出来事であった。

デモの直接的背景は、政府が成立を目指していた「国家安全条例」にある。俗に「二三条」と言われるその法律の内容は、「反逆・国家分裂・中央人民政府転覆・国家機密窃取」の行為を禁止するというものである。この法案は言論の自由や人権の侵害につながる、と民主派を中心に法律制定反対の世論が高まった。

同二〇〇三年の春に香港を襲ったSARS（重症急性呼吸器症候群）は香港社会の脆弱性を露呈させた。表面上は輝かしく繁栄し頑強に見えた香港社会が、目に見えない一種類のウイルスによって生命を脅かされるという、底知れない恐怖に一瞬にして突き落とされた経験、そして香港社会が長らくアイデンティティとしてきた経済が、SARSのために急激に落ち込んだ事実は、この社会が実は極めて脆弱なものであるという気づきを香港人にもたらし、確実に多くの香港人に、従来の価値観を再考させるきっかけとなった。

これら幾つかの事件が重なった結果、二〇〇三年七月一日の空前の大規模デモが出現したのである。デモの影響は大きく、二〇〇五年三月の董建華行政長官の辞任につながった。(8)

馬傑偉《マー・キッワイ》はこう指摘する――「SARS発生直後の政府の初動が極めて不適切であったことにより、市民は政府への不信感を増幅させた。頼りない政府に代わり、香港市民はボランティアでの自助互助活動を開始し、市民レベルでの連帯感が強まった。二〇〇三年の董建華政権の明らかな失敗が、政府に拠らない市民パワー、「市民社会」の成長へとそのまままつながった」。

香港政策研究所の陳偉群《チャン・ワイクン》は、この二〇〇三年七一デモは「香港の中流階級と専門家たちが香港を所有しているという、集合的な感覚を経験した稀な機会」であり、市民エンパワーメントのきっかけとなったと分析する。(9) 更に陳はこう述べている――「とりわけこの出来事以降、civil society movement（市民社会運動）は新たな展開を見せ始めた。（中略）この新たな社会運動は

「持続可能な発展（sustainable development）」というキーワードでまとめられる、複数のテーマの集合体である。それらは、都市再開発、ヴィクトリア港埋め立ての反対、大気汚染、文化遺産保存、文化振興、都市計画、アイデンティティ、生活の質などがある」。

こうした一連の事件が、「公民社会（Civil Society, 市民社会）」と呼ばれる、新たな社会への自主的転換を香港にもたらしたのである。「市民社会」とは政府や個別の家庭以外の公共領域を指し、その中で非営利団体・組織がボトムアップ型の公共目的の活動をおこなうものである[10]。非営利団体は市民の自発的な参加によって組織され、地域の相互扶助、社会的弱者への支援、社会資本の形成が具体的な目的とされる。市民社会は高い自主性を保ち、政府は原則不介入である[11]。社会資本を有する市民社会の成熟は、民主的な政府の発展と強化にもつながるといわれている。

この市民社会の成長が民主化の促進へと至るモデルは、まさに利東街の運動、そして次章以降で解説する利東街の後に続く社会運動に見られる現象である。

都市アイデンティティの出現

馬傑偉は、利東街を始めとする、近年の香港における「城市意識（都市意識、都市に対する意識）」の形成を指摘する。一九九七年以降、「保護維港、参与西九、重建湾仔、保育大澳[12]（ヴィクトリア港の保護、西九龍地区開発の市民参加、湾仔の再開発、大澳の保存）」と馬が表現する、一連の都市問題が香港人たちの「都市に対する意識」を徐々に形成してきた[13]。「都市に対する意識」とはすなわち、「香港への帰属意識」であり、地域の発展に関与し、都市こそが香港アイデンティティの基礎、とする意識である。馬は更に次のように説明する。「ヴィクトリア港の保護は、盲目的な経済発展に反対するものであり、港の美しいスカイラインは、香港市民が所有する価値の付けがたい資源である、と香港人は強く感じている。西九龍での市民参加は、香港の心臓部ともいえる地区が、平凡で中身のないショッピングモールやカルチャー・センターになるのを阻止するものである。香港人が、都市は政治家や巨大財閥のものだけではなく、市民がそれぞれ自らの「ストーリー」を持つ、公共の土地なのだと自覚した出来事である。湾仔の再開発は、湾仔の生き生きとした地域生活を大切に保全し、画一的なオフィスビルが香港中に蔓延するのを阻止するものである。利東街での一件は、市民が地区の再開発に直接参加し、かつ、集団的アイデンティティを構築した草の根の活動であった」。

とりわけ二〇〇三年以降、香港が今後の国際的都市間競争を生き延びようとするならば、グローバルな経済発展のみでは、もはや国際的な競争力は持ち得ないことに人々は気づいた。国際性と地域性を兼ね備えてこそ、より活力に富むアジアの国際都市となることができる。つまり、他の都市にはない独自のローカルな要素こそが、拠り所とすべき都市のアイデンティティなのだということを、人々が感じ始めたことが、利東街の運動にも見てとれる。

9　運動に参加した人々

利東街の運動では、住民たちに加え、外部の若者や専門家などの多様な人々が運動に参加したことが大きな特徴である。その運動形態は利東街に続く、数々の市民運動に大きな影響を与え、そして市民運動の基礎を築いた。本節では利東街運動で際立った活躍をした人々と、彼らの参加の意味を見てゆきたい。

ソーシャル・ワーカーというキーパーソン

ある香港の研究者はこのように指摘した：香港において、ソーシャル・ワーカーたちは総合的なコミュニティ・プランナーとしての役割を果たしている。彼らこそが、都市問題住民運動のリーダーなのである(14)。

ソーシャル・ワーカーの多くは二〇〜三〇歳代の若者である。若い彼らは、貧困削減、人間の尊厳が尊重される平等な社会の実現、さらには文化保存、コミュニティの構築と保全に至る、様々な活動に献身的に取り組んでいる。利東街におけるソーシャル・ワーカーたちの活動は、住民支援にはじまり、やがて地区や社会のオピニオン・リーダー、市民運動家として、運動が展開するにつれ、その役割は高まっていった。

なぜソーシャル・ワーカーが、再開発における住民運動のリーダーとして役割を果たすようになったのだろうか。

二〇〇八年末時点で、香港には一万四、四〇〇人強の登録ソーシャル・ワーカーが存在し、社会福祉に欠くべからざる存在として活動している。[15]日本で政府に登録されている社会福祉士（約七万一、〇〇〇人）と香港のソーシャル・ワーカーをそれぞれの総人口比率で比較すると、香港には日本の四倍近いソーシャル・ワーカーがいることになる。香港のソーシャル・ワーカーの社会的存在感は、日本とは比べ物にならないほど高いことがこの数字からも理解できよう。貧富の格差が極めて大きい香港社会では、十分な行政サービスを受けられない、貧困や身体的・精神的障害に苦しむ人々、ホームレスの人々、不法滞在者、移民・難民などの社会的弱者が無数に存在する。そういった人々を主体的に援助してきているのは、ＮＧＯに所属するソーシャル・ワーカーたちなのである。

十九世紀以来、イギリスは香港での経済活動にしか関心を示さず、植民地政府が社会福祉に力をいれることはなかった。政府が社会福祉に取り組むようになったのは、一九七〇年代になってからである。[16]それ以前に香港の社会福祉を担っていたのは、イギリスやアメリカの教会が運営する慈善団体であり、その習慣が長らく香港社会に定着している。現在でも、政府は社会福祉の実働はせず、「資金提供者」として、「サービス提供者」のＮＧＯに補助金を拠出して実働を任せている状況である。[17]

社会正義、民主主義、人権の擁護を信念として活動するソーシャル・ワーカーにとって、都市再開発の中で明らかな不利益を被り、権利を侵害されている市民を支援し、元の居住区内での住居の保障や、公正な賠償などを求めて共に戦うことは、ソーシャル・ワーカーとして当然の責務であると彼ら自身は認識している。

また、日本でも同様であるが、香港においても、文化財保存専門家やコミュニティ・プランナーという職能は確立されていない。香港のソーシャル・ワーカーたちが都市再開発問題に大きく関与している理由は、都市保全を含めた様々なコミュニティの問題に対処でき、高い意識を持つ人材が、コミュニティに根ざした社会福祉活動をおこなっているソーシャル・ワーカーたちしかいないためでもある。

香港の社会福祉団体としても規模が大きく、歴史も古い団体に「香港社区組織協会（Society for Community Organization, 以下ＳｏＣＯ）」がある。ＳｏＣＯは二〇〇七年三月、彼らが事務所を構える九龍側の下町 深水埗《シャムシュイポ》（Sham Shui Po）で「活在西九 Our Life in West Kowloon」と題する展示会と、それに付随して様々なプログラムを開催した。この展示会の目的は、貧困などに苦しむ社会的弱者への意識啓発であったが、彼らの一連の活動が実質的におこなっていることは、伝統的コミュニティの再認識と保全でもある。

湾仔に本部を構える社会福祉NGO「聖雅各福群会 St. James Settlement（セント・ジェームス・セトルメント、以下SJS）」は、湾仔地区で活動をおこなう団体である。一九四九年以来の活動の歴史を持ち、湾仔地区住民の厚い信頼を得ている。

利東街住民運動の初期に大きな役割を果たしたキーパーソンは、SJSの若きソーシャル・ワーカー、シン（冼惠芳）であった。事業が公告された当初、利東街の住民たちは再開発事業に対する反対運動など考えもせず、移転は避けられないという受動的な認識であった。住民たちは、彼ら自身が本来持っている「権利」にそもそも気づいていない。そういった状況に対して、初めて疑問を持った人物がシンであった。シンは当時を振り返って言う——「利東街運動が起きた二〇〇三年の時点では、都市計画、再開発やコミュニティ・デザインについての知識を自分はほとんど何も持っていなかったし、何の経験もなかった。しかし、低所得者層が多く暮らす都市再開発対象地区で唯一住民の助けとなっていたのは、社会福祉団体しかなかった。何の知識も手段もなかったけれど、自ら手段を作り出し、香港の都市再開発が引き起こし続けている悲劇の連鎖を、もうこれ以上繰り返さないための打開策を見つけなければならないと強く感じた(18)」。

SJSソーシャル・ワーカーたちの働きかけの結果、住民たちは問題意識を持ち始め、自発的に行動するようになり、ソーシャル・ワーカーらと共に試行錯誤を重ね、運動は日増しに力強いものになっていった。

新世代社会活動家の出現

利東街運動の後期になると、住民ではない多くの若者たちが運動に共鳴し、参画をするようになった（口絵2参照）。彼らは二〇代を中心とする若者である。運動に参加したジャーナリストの周思中《チャウ・シーチョン》と元ＳＪＳソーシャル・ワーカーの陳景輝《チャン・キンファイ》は、かつて例のない種類の運動である利東街住民運動、そして運動をおこなう住民たちから大きな思想的影響を受けた、と語る。二〇〇七年一〇月には、利東街再開発工事を阻止する行動をとった大学生を含む若者一五名が逮捕されるという事件も起きた。利東街において、新世代の社会活動家が誕生し、後に続く市民運動の中で、彼らはリーダーとしての役割を果たしていくことになる。

彼ら若者の参画は、運動形態そのものにも大きな影響を与えた。活動の道具や手段として、インターネットウェブサイト、ブログ、ＳＮＳ、Ｅメール、YouTube（ユーチューブ）、デジタルカメラ、携帯電話、携帯電話メッセージ（ＳＭＳ）といったデジタル・メディアがフル活用されるようになった。現在も、インターネット上で利東街の検索をすれば、把握しきれないほど膨大な量の情報がウェブ上に公開されているのが分かる。こういった若者世代による市民運動の新たな形態は、この後に続く運動に継承され、運動の広がりや実行力に大きな役割を果たしていった。

専門家の住民運動への参画

利東街の住民運動に参加した民間の建築や都市計画の専門家たちの役割は、専門知識も技術もない住民たちを教育し、彼らに代わって代替案を作り上げる、という類のものでは決してなかった。ソーシャル・ワーカーの助けによって問題意識と権利意識に目覚めた住民たちは、建築や都市計画の専門家に協力を仰ぐ前に、既に自分たちの要求は何であるか、を明確にしていた[19]。利東街運動を支援した専門家たちは、皆ボランティアとして専門知識や技術を提供し、住民たちの代替再開発案作成と、その後の運動を強力にバックアップした。専門家のボトムアップ型計画策定（民間規画）への参与は利東街に始まり、これに続く一連の市民運動に引き継がれてゆく。

運動を支援したプランナーの杜立基《トウ・ラッゲイ》は、自身が専門家として参画した意義は、自身が地区住民に影響を与えたというだけでなく、参画したことで得た、自身の変化である、と率直に語っている――「住民グループの活動に参画する以前は、政府主催の再開発コンペなどで、現実から乖離した安易な開発計画を作っていた。無意識のうちにジェントリフィケーションを招き、市民本位の開発から懸け離れたものを作っていたことに気づいた[20]」。

彼ら以外にも、利東街運動には、文化評論家、文化学や社会学研究者など、様々な専門性を持った人々が集まり、住民のみでは達成し得ない社会運動への発展に貢献した。

利東街の住民の中には非常に前向きで、表現能力の高い人々が少なからずいたことが、運動の成功理由のひとつでもある。しかし、庶民の中には政府役人との直接的な対話や議論を苦手とする人が少なくない。利東街とその後に続く数々の市民運動では、ときに専門家たちが住民の代弁者となって政府に対し発言や主張をする役割も担った。

住民の客観的アプローチと「ホーム」意識

利東街住民であるH15グループメンバーたちの特徴は、従前の都市再開発事業のように、議論を個々人の賠償金の額だけに終始させなかったことである。住民たちはURAの賠償に応じた後でさえも、「ダンベル・プロポーザル」を簡単には捨てず、TPBへの上申を繰り返した。この理由は、自分たちの案は、持続可能な再開発を体現した最善の案であることを証明し、政府に認めさせたいという、強い願いを持ち続けていたためである[21]。それに加え住民たちは、利東街の後に続く多数の再開発において、本当の市民参加が実現し、より文明的な対応を政府がおこなうことを切に願った。そのためには利東街を超えた、より広い社会に対する意識啓発をおこなうことが、何よりも大切なことであると考えたため、彼らは運動を諦めなかったのである。H15グループの一人はこのように述べている――「私たちは信念を持って活動してきた。私たちは、この自分たちの地区にとどまり、生活を続けていきたい。この地区の将来計画に対し、私たちは権利があり、また、それに参画していく責任がある[22]」。

地域へ対する「責任」という観念は、過去の再開発地区の住民が持つことはなかった意識である。自己の生活の便宜追求に終始しない、この「責任感」という意識こそが、利東街を社会運動にまで高めた要因である。

ある場所に対する「責任感」を住民が初めて持ちえた理由は何だったのだろうか。それは恐らく、利東街、そして引いては香港が、彼らの「ホーム（故郷）」であるという意識があったからだ。自分たちはもはや難民でも移民でもない、香港は、もはや仮住まいでも避難場所でもない。自分たちは香港で生まれ育った香港人であり、香港は、利東街は、かけがえのない唯一つの故郷である。その大切な故郷に対する思いが、「責任感」という意識を生んだ。

こうした住民・市民たちの思いが一過性のものではなく、確固たる信念に基づいたものであることは、彼らの戦いが、利東街が物理的に消滅した今も続いていることから明らかである。H15グループとして活動した住民・市民たちは、国際NGOオックスファムの資金援助を得て、H15グループの組織的活動を安定、強化させている。資金援助は期限付きであるものの、専用オフィスと常勤スタッフを確保し、他のURA再開発地区における住民運動の支援、教育啓蒙活動などに奔走している。

「公衆諮詢（public consultation）」から「公衆参与（public engagement）」へ

そもそもなぜ、利東街の「ダンベル・プロポーザル」は政府によって否定され続け、受け入れられることはなかったのだろうか。

技術的・理念的に、ダンベル・プロポーザルがURA案に比して、実現不可能なもの、非現実的なものとは思われない。政府が公言することのなかった理由のひとつは、政府側の対応能力が当時は未成熟であったことであろう。仮にダンベル・プロポーザルを受け入れたなら、利東街に続く二〇〇件以上ものURA再開発事業において、次々と住民案が提出されるだろう。そして、それら全てに対応し、検討し、住民の意見を取り入れていかねばならない。政府やURAにとってそのような、いわば未曾有の大混乱を受け入れ、受け止め、対応するだけの準備が、人的にも思想的にも技術的にも、まだ整っていなかったということが、ダンベル・プロポーザルが最終的に受け入れられなかった一因と思われる。

ソーシャル・ワーカーであるシンは「利東街の運動とは、全体のための個別の運動だった」と振り返っている[23]。つまり、利東街というケースは「まちづくりの民主化」という、香港社会全体の問題のために闘われた運動であった。

文化評論家の梁文道はこう述べている――「これまでずっと、香港での「民主」とはすなわち、立法会と行政長官の全面的普通選挙の実現を意味していた。H15住民運動の歴史的意義は、香港市民が初めて、彼ら自身の居住空間の将来に関する決定権を要求したことにとどまらない。その意義は、民主的空間権利を、初めて市民が主張したことにある。香港では、都市再開発が、民主化という主題のもとに議論されたことはかつてなかった[24]。

利東街の運動とは「香港民主運動であり、香港地域社会自治運動」であった。また、生活の保全という、極めて現実的で切実な動機と、民主主義の実現というより理想主義的な主張とが一体となった運動であったために、多数の学者・研究者・専門家・評論家などが強く反応し、共鳴し、かつてない、大きなうねりとなって社会を揺るがしたのである。

利東街運動が展開されている時期から、政府は従来の「公衆諮詢（public consultation）」に加え、「公衆参与（public engagement）」という言葉を使い始めた。「諮詢」とは書類の縦覧、意見書受付のみを意味し、「参与」とはあらゆる意見の検討をする義務を意味するのだという。急激に高まり変化する市民社会と、それに対し反応を見せ始めた政府。利東街運動は、香港の都市づくりの民主化、そして社会そのものの民主化を本気で実行してゆく決意を、香港社会が力強く宣言した出来事であった。

注

（1）参考文献16、一九〇頁

（2）参考文献16、一九八頁
（3）「伝統歴史文化旅遊」、http://tct.wanchaiinfo.hk/index.php?op=ViewArticle&articleId=506&blogId=10, 二〇〇七年一〇月
（4）香港大學政策二十一有限公司「湾仔区議会利東街／麥加力哥街市区重建項目研究　研究報告」二〇〇四年九月
（5）参考文献16、九四—九九頁
（6）参考文献16、一一九頁
（7）香港政府新聞網「利東街建「姻園」冀成新地標」、http://www.news.gov.hk/tc/category/infrastructureandlogistics/071220/html/071220tc06010.htm, 二〇〇七年一二月二〇日
（8）行政長官の辞任までに二年近くもの時間がかかった理由は、竹内（参考文献5）の分析によれば、中国中央政府の面子問題である。デモ直後の辞任は民主派に対する中央政府の敗北を意味するためである。
（9）参考文献27
（10）参考文献17、一五頁
（11）参考文献18、三七頁
（12）大澳（タイオー）とは香港のランタオ島にある集落で、かつての漁村の趣きを残していることから、観光地となっている。
（13）参考文献14、六頁
（14）Mei LEEへの個人インタビュー、二〇〇七年一〇月
（15）"List of Registered Social Workers" 社会工作者註册局、http://www.swrb.org.hk/EngASP/init_all_e.asp, 二〇〇八年一二月八日

(16) 参考文献4、五六―五七頁
(17) 参考文献19
(18) 冼恵芳へのインタビュー、二〇〇八年四月二六日
(19) 参考文献16、一四六頁
(20) 参考文献16、一〇四頁
(21) 参考文献16、一二八頁
(22) 参考文献16、一二四頁
(23) 参考文献16、一四八頁
(24) 参考文献16、一一一頁

第五章
香港アイデンティティの防衛と民主化運動
――スターフェリー／クイーンズ・ピア――

クイーンズ・ピアでハンストをする若者たち，
Victor Yuen 撮影

図5-1　旧スターフェリー・ピアと埋め立て地に建つ国際金融センター，李浩然撮影

本章では、香港島北岸中環（セントラル）地区に位置する、二ヶ所のフェリー・ピアを舞台に、二〇〇六年から二〇〇七年にかけて突如として起きた市民運動が、社会現象／社会運動（social movement）にまで急展開した過程とその背景を見てゆく（図1－1参照）。この運動は都市再開発の是非の議論を超えて、香港の文化とは何か、アイデンティティとは何かという思想的議論へと社会全体を巻き込んでいった、かつてない出来事である。

1　ヴィクトリア港の埋め立て

ヴィクトリア港両岸には、香港島北部と九龍市街地という二大都心部が植民地化以来発展し、港は貿易・軍事上、一貫して重要な交通ルートである。もともと山がちで平地が極めて少ない地勢の場所が、最も開発

図５－２　埋め立ての進むセントラル沿岸

圧力の高い場所となっている。このため、平地を人工的に作り出す埋め立て事業は、深刻な平地不足を補うための最も有効な手段として、そして香港にとって必要不可欠なインフラ整備事業として、植民地化以来一貫して、政府も市民も捉えてきた。

一九九〇年代、セントラル埋め立て事業第一期及び第二期が実施され、香港で最も有名なショッピングセンター／娯楽施設／オフィスビルである、超高層の「国際金融中心《センター》（International Financial Center，ＩＦＣ）一期」及び「二期」が建設された。香港政府は、この一連の埋め立て事業を「セントラル商業区域の拡大発展」と位置づけていた。

政府の規画署（Planning Department，計画署）は一九九〇年代後半からセントラル埋め立て事業第三期（Central Reclamation Phase III）計画を開始し、一九九九年に事業を公告した。事業の目的は、新たなバイパスの

図5－3　九龍半島側から望む香港島北岸。
右側の超高層が国際金融センタービル

建設、鉄道の延長のために必要な土地を造成することである。このバイパスは、第一期と第二期で建設された、IFC第一期タワーと第二期タワー、そしてフォー・シーズンズ・ホテルがもたらす交通渋滞を解消するために必要とされた。この第三期事業においては、「天星碼頭（Star Ferry Pier，スターフェリー・ピア）」及び「皇后碼頭（Queen's Pier，クイーンズ・ピア）」と呼ばれる、二ヶ所のフェリーターミナルの取り壊しとターミナル機能移転が必要とされ、二〇〇六年まで着々と政府は計画を進めてきた。第三期事業計画が固まったと思われていた矢先、突如として起こったのがスターフェリー・ピア保存運動である。

ヴィクトリア港埋め立てに対する反対運動の歴史

際限なく実施され続けるヴィクトリア港埋め立てへの疑問や反対の声は二〇〇六年以前よりあった。一九九〇年代から複数の環境保護NGOが埋め立て事業見直しや反対を唱えていた。政府は二〇〇三年二月、第三期事業実施のための事業契約を建設業者と交わし、工事を開始した。二〇〇三年、NGO「保護海港協会（Society for Protection of the Harbour）」は「保護海港条例（Harbour Protection Ordinance）」に明記されている「港の保護」を根拠に、TPBは適切な保護計画がなされているかどうかについて計画を審議する義務を怠っているとして、訴訟を起こした。終審法院（Court of Final Appeal）は、その判決で保護海港協会の訴えを支持し、政府は法を遵守して港を保護する義務があると認めた。また、いかなる埋め立ても「他のことに優先される公共の必要性（overriding public needs）が証明されるべき」とした[1]。この裁判は、港の埋め立てを含む都市計画のあり方の根本的見直しを迫る出来事であった。しかしながら、港の開発計画手続きの根本的な見直しを政府が直ちにおこなうには至らなかった。また、大部分の市民は埋め立て計画の内容すら知らず、さして大きな関心も懸念もないという状況が二〇〇六年の半ばまで続いた。

2　天星碼頭《スターフェリー・ピア》　その歴史と建築

スターフェリー・ピア

スターフェリーは香港島北岸のセントラルと九龍半島側の尖沙咀（Tsim Sha Tsui, チムシャー

図 5－4　九龍尖沙咀のスターフェリー・ピアと時計台

ツイ）を結ぶ。今回問題になったのは、セントラル側のピアである。

　スターフェリーが運航を開始したのは一八八八年、まだ埋め立てがなされる以前の当時の一代目ピアは、現在はセントラルのオフィス街の真ん中になっている雪廠街（Ice House Street）に位置していた[2]。このピアは、一二年後の一九〇三年に埋め立てに伴って、北へ移動した。二代目のピアは一九〇三年から五五年間使用された。このピアの建築様式はヴィクトリアン・スタイルのデザインであった。一九五八年の再度の埋め立てによって三代目のピアが更に北に建設された。これが今回、取り壊しが計画されたピアである。

　三代目ピアの建築様式は、二代目の植民地建築から一転した機能主義、あるいはストリームライン・モダンと呼ばれるもので、一九五〇年代に極めてポピュラーであった建築スタイルである。機能主義は不必要

図5-5 セントラルのスターフェリー・ピア時計台，李浩然撮影

な装飾を一切排した、直線と曲線で構成されるミニマルなデザインが特徴である。ピアには二本の船着場があり、その形状はフェリーと同じ流線型である。九龍の尖沙咀スターフェリー・ピアはセントラルと同年の一九五七年に完成し、両ピアのデザインは、基本的に同じである。尖沙咀ピアは現在も使用されている。

両ピアの大きな違いは、セントラルのピアには時計台が建設されたが、尖沙咀には建てられなかったことである。尖沙咀にはすでに、一九一五年に建設された元鉄道駅舎の「尖沙咀時計台（Tsim Sha Tsui Clock Tower)」があったためと思われる。建設時期や様式は異なるものの、セントラルの時計台は尖沙咀時計台と景観的に対を成し、香港の「アイコン」として象徴的な存在となっていた。

セントラルのピアは建築年代も戦後の一九五七年、建築スタイルもシンプルであるため、取り壊し計画が市民

図 5-6　エディンバラ広場，左側は閉鎖された
クイーンズ・ピア

に知れわたるまでは、「文化財」としては取り立てて注目されない存在であった。

フェリーは運行開始以来、香港庶民の足として欠くべからざる存在であり、ピアはフェリーを利用する人々が必ず通過する場所、あるいは待ち合わせ場所として、香港市民の日常の一部であった。セントラルに響くスターフェリー・ピア時計台の鐘が奏でるメロディは、香港市民の耳に日常の「サウンドスケープ（音の風景）」として染み込んでいる。

一九七〇年代以降はヴィクトリア港を渡る他の手段——自動車および地下鉄の海底トンネル——が建設されたため、フェリーは従前のような、香港島と九龍間の唯一無二の交通手段としての地位は失い、需要も低下した。しかしながら、現在でも片道二・二香港ドルという運賃は、他の交通手段に比べて破格の安さであるため、低所得者層や節約志向の学生、旅行者などにとっては貴重な交通手段であり続けている。二〇〇四年の時点では一日平均七万四、〇〇〇人の乗客があった(3)。

そして何より、オールド・スタイルの交通手段であるスターフェリーは、ヴィクトリア港の両側に広がる摩天楼を背景に、いつしか香港のイメージそのものと重ね合わされ、香港の視覚的シンボル、アイコンとして捉えられるようになっていった。

大会堂とエディンバラ広場

大会堂（City Hall）はスターフェリー・ピアと後述するクイーンズ・ピア、そしてオープン・スペースであるエディンバラ広場（Edinburgh Place）と一体的な空間を構成している。中軸線を共有するクイーンズ・ピアと大会堂では植民地時代、政府のセレモニーが執り行われていた。現在の大会堂は一九六二年に竣工し、大会堂としては二代目のものである。大会堂のデザインは政府機関の技術者が設計したインターナショナル・スタイルであり、低層と高層の建物から成る。

3　スターフェリー事件から生まれた争点「集合的記憶」

スターフェリー事件の始まりと共に突如香港社会に出現した言葉が、「集体回憶（Collective

Memory, 集合的記憶)」である。「集合的記憶」という言葉自体は元々存在する学術用語であり、主に心理学や社会学の分野で使われてきた。しかし、スターフェリー事件以前にこの言葉を知っている香港市民はおそらく皆無だったであろうし、メディアにこの言葉が登場することもなかった。まさにある時突然、「集合的記憶」を香港のメディアや専門家、批評家、そして一般市民までもが、こぞって口にするようになり、「集合的記憶」という言葉によってスターフェリー・ピアを始めとする様々な香港の「文化遺産」や「ローカル・ヒストリー(地域史)」が語られるようになったのである。

人類学者の呂烈丹(Tracey LU)によれば、「集合的記憶」とは、「ある集団の構成員が共に築き、分かち合う記憶」であり、「集団が彼らの集団的アイデンティティを構築する道具のひとつ」である。また、「その機能は、何らかの物質・物体を長期に使う過程でその実体に累積した記憶が、しばしば集団の文化的シンボルとなり、また彼らの自己アイデンティティを確認する記号や象徴となる(4)」。

「記憶」の議論と不可分なのが「アイデンティティ」である。アイデンティティ、とりわけエスニック・アイデンティティ(民族意識、民族アイデンティティ)やナショナル・アイデンティティ(国民意識、国家アイデンティティ)を規定する要素のひとつは記憶である。林は民族集団や国家は「記憶の共同体」であると述べている(5)。アイデンティティは、人間の選択的記憶と忘却作業が繰り返されるなかで形成されたものである、という議論を林が紹介しているように、注意すべきは、「集合的記憶」は何らかの目的を持って意図的に選択された記憶である、ということである。

「集合的記憶」とは、香港市民やメディアが、文化遺産保存や都市保全運動をバックアップするために導入し使った言葉であり、道具である。しかしながら、「集合的記憶」という言葉は意図的に曖昧な定義のまま使われる。もしも定義をしようとするなら、集合的記憶とは、具体的に「誰」の、「どの集団」にとっての記憶なのか、集合的記憶が具体的に何であるかは、誰が決める権利があるのか、という根本的、かつ難しい問いに必ず答えなければならないからである。また、こうした問いに答えることは、特定の集団を排除するなど、時に政治的意味を帯びる。こうした本質的議論は香港ではほとんど見られない。

香港中文大学の李 祖喬《レイ・チョウキオ》は、学術的な歴史解釈と異なり、「集合的記憶」という概念は批判を受け入れない非開放的性質を持ち、また詳細で精確な歴史的説明も必要とせず、本当に集団的に共有されたものであるのかを証明する必要もないものだ、と述べている。[6]なぜなら「集合的記憶」は既に「神話」化されているからであり、神話を批判することは社会的に許されないからである。

4　スターフェリー・ピア保存運動

新ピアの建設

政府及びスターフェリー社は、三代目ピアを代替する四代目の新ピアを、二〇〇六年七月に早々と完成させ、フェリーターミナル機能を移転させた（図1-1参照）。政府が設計した新ピアに付属する時計台のデザインは、「歴史文物的設計（historical heritage approach, 歴史文化財方式）」に「現代的解釈を加えた」ものと自負されているが、実際は一九一二年建設の二代目ピアのデザインをそっくりコピーし、スケールを変えただけのものである。一九九九年にＴＰＢがピア取り壊しを含む計画を公告縦覧した際、一部市民から出された取り壊しに反対する意見を受け、ＴＰＢは「スターフェリー・ピアの持つアイデンティティを、新しいピアで再建（recreate）すべき」という見解に達したことが、この新ピアのデザインの背景にある。(7)

ピア取り壊し決定に至る経緯

スターフェリー・ピア取り壊し反対の世論や運動が本格的に始まったのは、取り壊しが差し迫った二〇〇六年の秋である。次々と反対意見が出される中、政府は埋め立て事業の第三期計画

図５－７　新スターフェリー・ピア

段階において十分なパブリック・コンサルテーションを実施済みと主張し続け、取り壊し計画を見直そうとはしなかった。

二〇〇一年、AMOは民間の文化財コンサルタントに委託し、スターフェリー／クイーンズ・ピア／大会堂／エディンバラ広場の文化財価値評価と、第三期埋め立て事業による、それら構造物への影響評価をおこなった。評価報告書では以下の影響が起きると述べられている。(8)

- スターフェリー・ピアの破壊は、香港現代交通史において重要な役割を果たした物証の喪失となる
- 時計台の取り壊しは、とりわけ視覚的に重要なランドマークの喪失となる
- 大会堂の一部取り壊しによる、空間の一体性が喪失する
- クイーンズ・ピアとエディンバラ広場の取り壊しにより、ローカル・ヒストリーの物証が失われる

結論部分では、ピアの移転そのものが望ましくないこと、少なくとも現存する時計台の移築を検討すべきこと、大会堂は構造物の全てを一体的に維持すべきであることなどが勧告された。

政府の房屋及規画地政局（住宅土地計画局（当時））がピア機能の移転と第三代ピアの取り壊しについて、立法会、TPB、AAB、中西区議会のそれぞれに二〇〇二年に諮問をおこなった際、いずれの組織も反対意見を出さなかった。TPBによる二〇〇二年の公告縦覧でも、市民から反対意見が提出されることはなかった。こうした事実が政府のピア取り壊しに一定の依拠を与えることとなった。

二〇〇二年当時、香港の文化財保護に責任を負うAABはなぜ、スターフェリー・ピアに何の関心も示さなかったのか。その理由は、当時はピアが建設から五〇年も経過していない、時間的に新しい建築であり、よって歴史的価値の評価が難しく、またそのシンプルな建築様式には特筆すべき建築的価値は認められないと判断したためである。こうした戦後の現代建築の文化財登録は、当時の香港では前例がまったくなかった。より根本的な要因は、二〇〇二年当時の香港社会の意識が、二〇〇六年の意識とは全く違ったことである。前章で見たように、二〇〇三年に香港社会は大きな転換期を迎えるが、スターフェリー／クイーンズ・ピアの一連の計画決定は、様々な社会の変化が起きる二〇〇三年以前に全てなされていた。

取り壊し反対市民運動

二〇〇六年になり、スターフェリー・ピアが近々取り壊される、という報道をメディアがし始めると、その当時まさに進行中であった利東街住民運動にすでに参加していた、あるいは関心を持っていた一部の市民が、スターフェリー・ピア取り壊し反対運動に乗り出した。運動の中心を担ったのは二〇代を中心とする若者たちであった。

若者たちの運動のラディカルさ、運動そのものの物珍しさ、ピアの社会的認知度の高さ、そして反対運動の機動性の高さから、この保存運動は瞬く間にメディアの注目を集め、連日、新聞紙面やテレビ番組を賑わすようになった。

スターフェリー運動においては、利東街運動で萌芽した主題、すなわち「民主主義(democracy)/民主化(democratization)」が鮮明化し、運動の主題として大きく掲げられるようになった。そして運動者たちが殊更強調はしなかったものの、この運動の底流に一貫して存在していたもうひとつの主題は「アイデンティティの探求」である。

「本土《ローカル》行動《アクション》」と都市計画民主化運動

二〇〇六年一二月、スターフェリー事件を契機として結成されたのが、二〇~三〇歳代の若者を中心とする市民グループ「本土行動(Local Action, ローカル・アクション)」である。一連のスターフェリー／クイーンズ・ピア保存市民運動の象徴的存在となったグループで、当時集まった三〇～四〇名のメンバーには、ソーシャル・ワーカー、ジャーナリストなど、社会の実情や問題を深く知る人々が多かった。大学生や高校生も少なからず加わっていた。

「ローカル・アクション」の中核的人物である朱凱迪《チュ・ホイディック》は、香港中文大学出身の若手ジャーナリストである。スターフェリー運動当時二九歳であった彼は、二〇代の若者によるスターフェリー運動を代表する人物としてメディアによって大きく取り上げられ、意図せずして香港中の人に知られる時の人となった。

朱は、自身の出身校である香港中文大学のキャンパスにある樹木の保全運動を二〇〇六年に始めた。そしてこの運動を行う中で、香港の都市計画・再開発問題について知るようになった。都市再開発問題は、実際には、複数の事柄が絡み合った複合的問題である。文化遺産保存、再開発、自然保護などは相互に深く関係し、互いに切り離して議論する事はできない場合が多い。そして、これら複数の要素を横断的に結ぶキーワードは「計画（planning）」である、と彼は気づいた。つまり、社会において何を新しくつくり、何を壊すのか、という計画そして決断である。

スターフェリー運動において、際立った活動をした別の人物が何来《ホー・ロイ》である。何来は「ランタオ・ポスト」という地方紙の創設者であり、現在は都市再開発問題に限らず、教育、福祉、自然環境保護などの様々な分野で活動をおこなう社会運動家でもある。ピアにおいては、朱らとともにに運動の中核を担った。ピアでの運動の後、何来は二〇〇七年一一月の区議選と同年一二月の立法会議員補欠選挙に出馬している。

スターフェリー・ピアと時計台が取り壊され、次にクイーンズ・ピアの取り壊しが迫った二〇〇六年一二月、この運動は第二段階に入った、と朱は後に分析している[9]。これ以前、運動の主な論点は「集合的記憶」、ピアと時計台の建築スタイル、時計台の鐘の歴史的価値などであった。一二月以降、利東街住民運動のコアであった人々がこのスターフェリー運動に参画を始める。利東街の人々が訴え始めた「香港都市再開発の民主的計画」がスターフェリー／クイーンズ・ピア運動に持ち込まれ、これが運動の新たな「主題」となったのである。

「ローカル・アクション」のメンバーたちは活動理念として、「四つの柱」を打ち出した。

① 都市計画手続きの民主化
② 都市のオープン・スペースの使用権利
③ 文化遺産保存
④ 植民地型思考からの脱却

文化遺産保存も都市計画と同様、最も肝要な点は保存するかどうかではなく、誰がどのように意思決定をするか、そして意思決定への参加のプロセスなのだ、と朱はいう。

スターフェリー運動において現れた、「集合的記憶」に続くキーワードは、「本土（ローカル）」

である。若者たちは「保衛本土文化（ローカル文化の防衛）」といったフレーズを盛んに使うようになった[10]。

市民団体と専門家の集結と連帯

スターフェリーを契機に、香港の市民団体やＮＧＯが急速に横の連携を深めた。若者のみならず、香港建築師学会（Hong Kong Institute of Architects, 以下ＨＫＩＡ）、保護海港協会、利東街Ｈ15コンサーン・グループなどの複数の団体がピアに集まり、政府や社会に対し意見を表明し、フォーラムやイベントなど、様々な活動が社会の至る所で展開された。民主派を中心とする立法会議員など政界も動き始めた。二〇〇六年一二月のピア取り壊し時に運動がピークに達した時には、一般市民も強く惹きつけられ、大勢の市民がピアに足を運んだ。

市民グループは取り壊し反対運動の過程においてピアの歴史研究・調査をおこない、興味深い背景と資料を数多く発見した。例えば、一九五七年に建設されたセントラル時計台の内部に設置されている機械仕掛けの時計は、五〇年の歴史を持つものとしては香港で唯一現存するものである。時計には時報用の鐘が付属しており、四つ一組の鐘はその刻印から、一九五五年にロンドンの著名な老舗鐘鋳造会社が鋳造したものであることが分かった[11]。

図 5-8　解体工事現場で衝突する抗議者と警官・現場作業員，周思中撮影

ピアと時計台への最後の別れと抵抗

二〇〇六年一一月一一日深夜〇時、ピアの時計台が鳴らす最後の鐘は特別な計らいがなされた。普段は一回だけ鳴らされるメロディが、この時は一二回鳴らされた。そしてその最後の鐘の音と同時に、四隻のスターフェリーが一、八〇〇人の最後の乗客を乗せて、セントラルのピアから九龍側に出航した。[12]これはチャリティ・イベントとして実施され、普段の何倍もの金額の乗車券はすぐに完売した。この夜、セントラルのピアに集まった人の数は一万人を超えたという。

政府は従来予定していた取り壊し工事日程を数ヶ月早め、一二月以内の実施を決めた。一二月に入るとすぐに、工事に先立つ現場囲いの作業が始まり、現場から運動家たちが強制排除されるなど、反対運動グループと政府との緊張が高まった。一二月一二

図 5-9　スターフェリー時計台前で抗議する市民，Ip Iam Chong 撮影

図 5-10　葬儀の形をとった破壊への抗議

日、時計台の取り壊し工事がついに始まった。活動グループは現場で座り込みをしていたが、取り壊し工事をストップさせるには何の効果もなかったため、何人かが工事現場へ侵入を試みた。思いがけず、工事は一時的にストップした。時計台の取り壊しを停止させるためにとった行動のために、器物損壊の罪で政府により起訴された活動家も出た。

様々な団体・個人による各種各様の反対や計画変更案の提示にもかかわらず、最終的には政府が妥協を見せずにピアと時計台の取り壊しをそのまま実行したことは、香港市民の政府に対する不信感と反発を一層強いものにした。

ピアと時計台が取り壊された後の二〇〇七年一月、立法会において政府はこのような発表をした——「時計台に設置されていた時計と鐘一式は保存した。我々は時計台を復元する適切な場所を探し、これら鐘を新しい復元時計台で再使用できるようにする」(13)。

5　スターフェリーにみる香港アイデンティティの探求

スターフェリー運動とそれに続くクイーンズ・ピアの運動、若者をはじめとする市民たちが運動の争点にした「集合的記憶」や「ローカル」は、「香港アイデンティティ」探求の運動でもあった。それは、香港人による、香港とは何か、香港人とは何か、の再定義の試みである。なぜ香港人たちはアイデンティティの模索をするのか、その歴史的背景をみてゆくことがこれら運動の理解には必要である。

十九世紀植民地化から一九六〇年代にかけてのアイデンティティ意識

現代の香港人は、本人もしくは、その親か祖父母世代の必ずいずれかは、中国本土からやって来た「難民」か「移民」である。客家《ハッカ》などの植民地以前からの香港土着民の子孫が、香港の総人口に現在占める割合は、極めて少ない。林泉忠は、「香港人」の凝集力は血縁や伝統文化よりも、同じ難民や移民としての歴史的経験、およびそこから生まれる集合的記憶によるものである、といっている(14)。

植民地化後の香港は中国大陸の中国人たちにとって「避難地（シェルター）」としての存在であった。一八五一年の太平天国の乱、一九一一年の辛亥革命、一九四〇年代の国共内戦など次々と中国大陸で起きる争乱を避け、多くの中国人が香港へ避難してきた。この時期、国境は開放されており移動が自由であったからである。しかし、彼らは遅かれ早かれ故郷のある中国本土へ帰る人々であった(15)。したがって、この時期の香港の中国人社会には、香港への強い帰属意識、アイデンティティは存在しなかった。

林は「香港共同体」成立の原点は、一九四九年の中華人民共和国成立と一九五〇年の国境封鎖という、物理的な大陸との隔離と急激な社会変動にあると指摘する[16]。一九五〇年に本土と香港との国境が閉鎖され、香港に滞在していた中国人は、政治難民か否かにかかわらず否応なしに香港へ留まることを余儀なくされた。また国境閉鎖後も大陸からの大量の移民流入は続いた。馬傑偉は、当時、そうした難民・移民たちにとって大陸は「母国」であり、「大郷里」としての存在であった、という[17]。

香港に根ざしたアイデンティティの模索が始まったのは一九六〇年代であるといわれる。六〇年代に入り、香港で生まれ、香港で教育を受け、大陸を知らない世代が社会に登場することによって「ローカル」という意識が生まれ始める。林は、一九四九年から一九六〇年代半ばは、香港の自立した社会経済システムが確立し、香港人アイデンティティ形成に必要なハードウェアが整備された時期としている。一九六六年に大陸で始まった文化大革命に触発され、一九六七年に香港の左派集団が起こした暴動は、その根底に中国系香港人の香港社会への不満があったと言われる。この時のムーブメントの担い手は主に、大陸の社会主義に共鳴する知識人であった。林によれば、彼らの意識は香港を「ホーム」とするものであったが、英国植民地政府と自らを結びつけるものではなかった。

一九七〇年代から一九九七年返還まで

一九七〇年代に入り、香港の中国系住民は徐々に香港への帰属意識を強めていった。[18] 一九七〇年代の急速な経済成長とそれに伴い急速に改善した生活環境は、それまで極めて少なかった中国系香港人富裕層を増加させた。また経済的余裕のある社会において、香港独自のライフ・スタイル、映画やドラマ産業における香港独自の大衆文化（ポップ・カルチャー）が出現した。[19] 一方、大陸で続く文化大革命が大きく影響し、中国本土との生活・文化や意識の差は広がる一方であった。文化大革命等によって、この時期世界の最後進国であり、最貧国のひとつであった中国本土を、心理的に受け入れられない、あるいは拒否する意識は、その対極にある自由で民主的な香港へと強く回帰していった。[20] 一九七九年に中国本土との接触が再開されたものの、三〇年間の両地域の隔絶によって大陸の「中国人」と「香港人」との間にできた深い隔たりは、香港人のアイデンティティと、大陸のそれとの対比を更に強めることとなった。[21] 香港のローカル・アイデンティティの形成は、「母国中国」への反動と表裏一体である。[22]

しかし、香港人の精神に「中国人」としての意識が消滅したわけではない。とりわけ一九八〇年代の返還交渉を境に、人々のアイデンティティは変化を始める。すなわち、香港人のアイデンティティから香港と中国の「二重のアイデンティティ（dual identity）」へと。[23] 国籍は中国ではないけれども、「香港人」であると同時に、定義に曖昧さを残した「中国人」である、という意識が一九八〇年代に芽生えた[24]。二重のアイデンティティは混乱し、矛盾した側面を内包していた。香港人のアイデンティティは、一九八九年の天安門事件で中国政府が見せた対応と、香港人がメディアを通してみた悲惨な光景によって危機に追いこまれた。天安門の結末は香港の将来の結末と誰もが感じた[25]。返還に関する交渉の最中から高まっていた香港の本来の意味での民主化（立法会議員の直接選挙を含む）の要求は、天安門事件を境に一気に高まった。香港市民の間で程度の差はあれ「排左（左派排除）」・「恐共（共産党への恐れ）」意識が共有され、海外のパスポートを取得して逃げ場を確保しようとする香港人は後を絶たなかった[26]。

香港大学比較文学部のアッバス（Akbar ABBAS）はこう述べる――「香港文化（の実在）を認めようとしないネガティブな態度を一変させたのは（中略）一九八四年の中英共同宣言の成立とそれに続く一九八九年の天安門事件の二重のトラウマであった。これら二つの事件が多くの人々の恐怖、植民地様式と民主主義で飾られた香港式の生活が切迫した消滅の危機にある、という恐怖を確かなものにしたのである。（中略）この差し迫った消滅の危機こそが、かってない強烈な、香港文化への興味を突然引き起こした原因である[27]」。アッバスが指摘するように、一九九〇年代には、現実のものとなる本土への返還を受け、香港人アイデンティティをめぐる問題が社会で幅広く議論されるようになり、香港人アイデンティティが社会に定着していった[28]。アッバスは一九九七年の香港を当時こう表現した――「かつては香港でうまく機能した floating identity（あてどなくさまよう、確立されていないアイデンティティ）にまだ満足している状況と、一九九七年の政治的な急場に応じて、何かより確固たるものを確立しなければならない必要が、ぎこちない関係を作り出している[29]」。香港の人々は、一九九七年の返還を、不安を抱えたまま、香港の文化を、アイデンティティを、模索しながら迎えた。

一九九七年返還以降

香港中文大学建築学部（当時）のコーディ（Jeff CODY）は、一九九七年を境とした香港社会の「文化」や「文化財」に関する意識変化の分析を試みている。その変化は香港で出版された記事のうち〝Culture（文化）〟や〝Cultural Heritage（文化財）〟に関する記事の、一九九七年を境とする数の変化に表れているという。右記テーマに関する記事は一九九五年から一九九七年の間で七七件、一九九七年から二〇〇〇年の間では一五七件と二倍以上に増加している[30]。

しかしながら、返還後の「香港の文化」、「香港の独自性」を模索する社会的トレンドはあまり長くは続かなかったし、社会を変化させるほどの力強い動きにもならなかった。

その一方、過去数十年かけて形成されてきた「香港人」アイデンティティは、返還後も強く維持されている[31]。その背景のひとつは「一国二制度」が中国と香港の国民分化を行っていることに起因すると林は指摘する。

香港大学は一九九七年以降現在まで、継続的にアイデンティティ意識調査を実施している。[32]その質問には六つの選択肢がある：「香港人」、「中国人」、「香港の中国人」、「中国の香港人」、「その他」、「分からない」である。二〇〇七年末の結果では、「中国人」三一・五パーセント、「中国の香港人」二七・二％、「香港人」二三・五％、「香港の中国人」一六％となっている。この調査を始めた一九九七年以来、「香港の中国人」を選択する人は一貫して最も少ないが、興味深いことに、その他の三つの選択肢「香港人」、「中国人」、「中国の香港人」はそれぞれ微増微減を繰り返しながら、過去一〇年以上同じような割合で拮抗している。

林は、香港人アイデンティティの特徴としてリベラリズム（理想的民主主義）とリアリズム（場合に応じた親中傾向、経済効果重視）、という矛盾した側面を同時に内包する点を指摘している。[33]特に返還後、香港は経済的に中国に大きく依存し、中国あっての現在の香港の繁栄があることは否定できない事実である。こうした面は香港の人々の親中意識に影響を与え、母国や庇護者としての中国の存在を認め、頼らなければ香港の将来はないという意識に結びついている。アイデンティティ意識調査結果にもこのことが読み取れる。返還から一〇年以上経った現在も、香港の人々は揺れ動くアイデンティティを抱えたままでいる。

図5－11　解体前のクイーンズ・ピアと市民

6　皇后碼頭《クイーンズ・ピア》　新たな戦場

スターフェリー・ピアが完全に取り壊された後、二〇〇七年に入り、保存運動の戦場は隣接するクイーンズ・ピアへと移された（図1－1参照）。このピアの取り壊しが次に迫っていたからである。

「皇后碼頭（Queen's Pier，クイーンズ・ピア）」は三代目スターフェリー・ピアに先立つ一九五四年に竣工した。クイーンズ・ピアとしては二代目のものである。

クイーンズ・ピアは他のピアと違い、「ロイヤル・ピア」と「公共ピア」という二種類の異なった機能を持っている。「ロイヤル・ピア」としての機能は、初代クイーンズ・ピアが建設された一九二五年から一九九七年の返還まで有していた機能である。本国イギリスの「皇后《クイーン》」をはじめとする皇室関係者、香港総督、イギリス政府高官が香港を公式訪問する際に必ずこのピアから象徴的に上陸し、帰途に着き、その際に閲兵や歓迎などの儀式が執りおこなわれた。実際には飛行機でロンドンからやってくる皇室関係者たちが、なぜわざわざそのような行為をするのかというと、彼らが長年埋め立てて開拓をおこなってきた土地は、自らが作り出した舞台であることを誇示し示威するためだった、といわれている(34)。儀式ではピアと共にエディンバラ広場も重要な役割を果たした。

そうした儀式がおこなわれていた時代も、返還後におこなわれなくなった後も、普段のクイーンズ・ピアは「公共ピア」として機能し続けた。離島へ向かう小型船やプライベート・クルーザーが発着する波止場であるとともに、市民が思い思いに集うパブリック・スペースであった。何をするわけでもなくピアに座り海を眺める者、海に糸を垂らして釣りをする人、日がな一日囲碁に興じる老人、おしゃべりに興じる人、寄り添う恋人たち。それがクイーンズ・ピアにある日常の風景であった。

政府によるクイーンズ・ピアの保存対策と価値付け

社会現象になったスターフェリー事件、そしてクイーンズ・ピア取り壊し反対の世論と現場で再び展開される保存運動・抗議活動の高まりを受けて、クイーンズ・ピアの保存問題では立法会議員たちも動き始めた。立法会の様々な委員会では連日、ピア保存に関する議論が繰り広げられた。政府もスターフェリーの時の対応を変えざるを得ない状況になった。行政長官の曾陰権（ドナルド・ツァン）は、スターフェリー時計台の取り壊しにおいて政府の市民感情に対する配慮が足りなかったこと、そして時計台の撤去は間違った行為であったことを認め、クイーンズ・ピアは保存の措置を約束するという公式な見解を出した[35]。

住宅土地計画局（当時）はピア保存の妥協案を提示したが、建設予定道路の迂回とピアの現地保存は技術的に不可能と結論付けた。妥協案としてピア施設を解体し、部分的に保存した施設構造物と付属物を付近かあるいは他の場所に「移築（relocation）」することを提案した。具体的な移築先については政府規画署が組織する「中環填海区城市設計研究（Central Reclamation Urban Design Study）」において「公衆参与（市民参加）」を実施しつつ決める、とされた。

二〇〇七年四月初旬、規画署は一般市民を対象に、クイーンズ・ピアの保存問題を議論する場として、タウン・ホール・ミーティングを開催した。ミーティングには「ローカル・アクション」などを含む一〇団体と個人合計で一〇〇名以上の参加者があった。市民団体からは、たとえ工事に際してピアの一時解体が必要としても、工事後はピア構造物を「現地（原地）保存」すべき、という意見が多く出された。しかしながら、政府側は技術的に困難の一点張りであり、議論は平行線のまま終わった。

政府は既に建設業者との工事契約を結んでしまっていたため、事業の遅れによる財政的損失を理由に妥協案を一刻も早く実施する必要性を訴え、五月に立法会へ、ピア解体のための予算申請をおこなう予定であると述べた。その予告どおり二〇〇七年五月九日の朝、政府は立法会に予算申請をおこない、立法会財務委員会工務チームは審議をおこなおうとした。しかしながら、同日午後にはＡＡＢ審議委員会開催が予定されており、その場ではクイーンズ・ピアの「歴史建築」登録の審議が予定されていた。午後のＡＡＢによる文化財登録直前に解体移築を事実上決定しようとする政府の意図に対し、反発が起こったため、午前の予算審議は結局延期された。この日のＡＡＢ審議会はＡＡＢ設立以来初めて、香港の地上波で生中継された。そしてこの日二〇〇七年五月九日、ＡＡＢは、二〇〇二年時点でのスターフェリー／クイーンズ・ピア／大会堂には文化財価値はなしとする評価を一転させ、ピアを「一級歴史建築」として登録することを決定した。

ＡＡＢによるクイーンズ・ピアの文化財価値評価は、以下の点で従来の文化財評価の仕方を一歩踏み出たと評価できる(36)。

・ピアを戦後の都市開発と埋め立て事業の歴史の象徴と位置づけた
・戦後の現代機能主義建築様式の文化財価値を評価した
・ピアの完全性（integrity）には、エディンバラ広場、大会堂との一体性が重要であることを明言
・具体例を挙げての説明はなかったものの、ピアにおいて日常的におこなわれてきた市民の諸

活動と、ピアのパブリック・スペースとしての機能を、「社会的価値（social value）」を有するとして評価した

香港現代史が初めて文化財評価の範疇に入ったことは画期的であった。また現代史における所謂「集合的記憶」や市民感情を「社会的価値」というカテゴリーにおいて文化財価値評価を試みたことも、これ以前の香港の文化財行政においてなかったことである。

ＡＡＢ審議会で「一級歴史建築」に登録されたピアは、「保存のためのあらゆる努力をする」ことが求められる位置づけになった。しかしながら、一級歴史建築登録後、当時「法定古蹟」指定決定権を持っていた民政局局長は、ピアを法的保護が可能な「法定古蹟」に指定することは結局なかった。その理由は「ピアは広範な要素の発展に貢献したとは言えず、特別な儀式をおこなう場所としての機能しか持たないため、歴史的価値は相対的に高いといえない」というものであった。[37]開発側である住宅土地計画局の局長（当時）は「歴史建築登録は（予定している）ピアの撤去・移転とは何らの直接的関係もない。登録によってピアの撤去ができないということにもならない」と発言した。[38]「一級歴史建築」登録は単なる文化財価値評価に過ぎず、法的拘束力は持たない。結果的に、文化財保護に責任を負う民政局側も開発側の論理を擁護する側に回った。

その後、立法会において、政府側と保存擁護の議員との間でピア解体保存のための予算承認を巡る激しい議論が展開されたものの、五月二三日、立法会財務委員会において予算が承認され解

体工事の実行が可能になった。何人かの議員は政府からの圧力があり予算承認反対を貫けなかったことを後に告白している。

新たな政策の模索

行政長官の曾陰権自身がスターフェリー・ピア取り壊し後の二〇〇七年一月にこのように発言した――「スターフェリー事件以前、政府のコンサルテーションには「市民感情」や「集合的記憶」を扱う枠組みは存在しなかった。そのため政府は社会で急激に高まる議論と変化に戸惑うばかりで、適切な対処ができなかったが、今、政府は市民と共に記憶や感情といった無形の要素を扱う新たな方法を見つけなければいけないのだ[39]」。

二〇〇七年に文化財政策の見直しが政府内で始まり、その結果は二〇〇七年一〇月の行政長官による施政報告にて表明されることとなった。これについては第七章5で詳述する。

新たな民主化運動の展開

香港市民はクイーンズ・ピアに対しては、スターフェリー・ピアほどの強い「集合的記憶」や愛着、郷愁を持っていない。クイーンズ・ピアは離島へ行く小型船の発着場であり、その利用者数は、香港島セントラルと九龍市街地間を結ぶ交通機関であるスターフェリーとは比べものにならないほど少ない。平均的な香港市民がクイーンズ・ピアから船の乗降をするのは、年に一、二回あるかないかだという。そのためローカル・アクションをはじめとする運動家たちは、そのマイナーなクイーンズ・ピアで論争を継続するためには、議論に値するピアの歴史的・文化的価値を分析し、争点を見つける必要があった。彼らがクイーンズ・ピアで訴えた争点は、スターフェリーと同様に都市計画制度の民主化であったが、加えて以下の議論が新たに展開された。

（1）パブリック・スペース（公共空間）の保全

一九六六年を皮切りに、ピアとエディンバラ広場では様々な市民運動がおこなわれてきた。一九六六年にはスターフェリーの運賃値上げに反対するデモ、一九七〇年代には反植民地主義運動、一九八九年天安門事件では大陸の民主化を応援するデモなど、ピアは香港の歴史にとって重要な複数の民主化運動が起きた現場である。民主化運動の拠点は、近年は、銅羅湾のヴィクトリア公園に移ったため、セントラルのピアでの民主化運動の歴史はこれまで忘れ去られ誰にも語られてこなかったが、改めて認識されるべきである、と朱凱迪らは訴える。返還後、植民地時代の儀式がおこなわれなくなった後は、クイーンズ・ピアは純粋に「私たち」の場所になった、と朱はいう。[40]返還前後を通して、ピアを含む周辺の空間を市民が自由に様々な目的に使ってきたその方法と伝統こそが、この場所の最も重要な「集合的記憶」なのだと訴えた。[41]そしてスターフェリー／クイーンズ・ピア／エディンバラ広場／大会堂の四件の構造物は計画的に配置され、一つの有機的な空間を形成しているが、この一体性は公共空間の意味においても重要であり、失われるべきではない、と主張した。

董啓章《トン・カイチュン》はスターフェリー運動に関するエッセイの中で以下のように述べている――「人間の存在意義は、私的空間以外に公共の場所にも築かれる。公共の場所には時間的経過の中で市民の体験や記憶が築き上げられ、それは「歴史建築」と呼ばれるようになる。(中略)個人にとっての「家園(ホーム)」と集団にとっての「場所」が、人間が生活する「世界」あるいは広義の「ホーム」を形成するのである」[42]。

「ローカル・アクション」の声明(一二一登陸皇后碼頭声明)にはこのようにある――「かつてイギリス人はクイーンズ・ピアへの上陸によって香港の領有を象徴した。今日、我々は同様の行動によってこのピア、そしてこの公共空間、更に香港という土地は、私たちに属するものであることを宣言しなければならない」。

(2) ピアに寄せられる多様な価値と解釈

両ピアで積極的な保存運動をおこなった何来は、両ピアに対し独自の解釈を持つ。

何来は両ピアを、海洋都市(ocean city)としての香港の都市アイデンティティの象徴、と語る。香港は多数の島と、大陸につながる九龍半島からなり、植民地化以前も以降も、海を媒介とした漁業や交易が極めて重要であり続けていることを再認識すべきだ、と指摘する。

図 5－12 「誓保皇后」 クイーンズ・ピア, Ip Iam Chong 撮影

更に何来は、官民一体、社会全体として経済最優先主義、拝金主義を続けてきた香港への警鐘としてのピアという独自の価値評価をおこなう。両ピアの建築デザインは、一九五〇年代に普及した建築様式、「機能主義」である。建築における「機能主義」とは「モノの形態を機能との密接な関係において決定する立場」を指す。(43) H・グリーノウの「美は機能の約束である」や、L・H・サリヴァンの「形態は機能に従う」という言葉がこの思想の先駆的なものとされる。A・ロースの無装飾主義を受け、一九二〇～三〇年代の近代建築運動において支配的な思潮となった。(44) 何来は、機能主義の「シンプルさ」はまさに現在の香港社会へのメッセージなのだ、と語る。SARSや様々な公害、環境悪化、そして都市の個性喪失という経済最優先主義に起因する現代香港社会が抱える様々な問題を克服するためには、シ

ンプルな生活への回帰、"live less（シンプルに生きる）" ことこそ今の香港にとって必要なのだ、と。

また周思中は、両ピアに別の解釈を与える――ピア建設当時の香港政庁が実施した様々な社会改革の試みが、ピアの建築様式には表われている。現在のピア、そしてピアと一体的空間を構成する大会堂は、香港「市民」のためのデザイン、植民地主義から脱却した「現代化」のシンボルとして設計、建設されたものである。(45) これ以前のピアはヴィクトリアン・スタイルの植民地様式建築であったが、五〇年代のピアは機能主義、大会堂はインターナショナル・スタイルであり、「現代」を体現している。「貴族政治」から「現代政治」への政府の変革を表わすのが、ピアと大会堂の建築スタイルなのだ。だが、二〇〇六年に政府が新たに建設したピアは、先々代のヴィクトリアン・スタイルをコピーしたものである。政府は保存活動家たちを郷愁的と批判するが、「貴族」的ピアを建設した政府こそが郷愁的なのではないか。周は痛烈に批判する。

政府との攻防、最後の抵抗

二〇〇七年一月からクイーンズ・ピアでは様々なイベント、コンサートや詩の朗読などの文化活動、フォーラム、ワークショップが保存運動をおこなう若者や文化人たちによって実施された。ローカル・アクションのメンバーや運動家たちは二〇〇七年四月から毎日、クイーンズ・ピアにキャンプを張り、二四時間体制の抗議とピア「保衛（防衛）」活動を始めた。運動参加者が交代で寝泊りし、毎日毎晩、現地を訪れる市民や評論家たちと一緒になって、ミーティングや議論を続けた。そうした中で彼らは「家族」になった、と朱は振り返る。

ピア解体が迫る七月二七日、ピアで数人の若者がハンガーストライキを始めた。二九日、「本土皇后論壇」と題する談話会が開催され、七月一日に新設されたばかりの政府機関である発展局の林局長もピアを訪れて短い演説をおこなった。七月三〇日、政府はピアからの撤収を求める最終通告を現場の運動家たちにおこなった。三一日の夜にはピアで集会がおこなわれ、一、〇〇〇人もの市民が集まった。

八月一日、ピアで抗議活動を続けていた三〇人ほどの活動家たちは、三〇〇人の警察官によって強制的に排除され、怪我人や逮捕者まで出る騒ぎになった。ピア取り壊しの準備のために警察はピアを封鎖し、市民たちはこれ以降立ち入ることができなくなった。

七月三〇日、ローカル・アクションの朱凱迪と何来は高等法院で訴訟を起こしていた。その訴えの内容は、ＡＡＢがクイーンズ・ピアを一級歴史建築に登録したにもかかわらず、民政局がピアを法定古蹟に指定しなかったことは不当、というものであった。しかしながら、ピアでの工事はこの判決結果を待つことなく開始された。二〇〇七年八月一〇日の高等法院判決は原告の提訴を棄却するもので、民政局がピアを法定古蹟にしなかったという行為自体には、何ら法的問題もないという判決内容であった。
スターフェリーに続き、クイーンズ・ピアでも市民運動は敗北に終わった。

7　スターフェリー／クイーンズ・ピア保存運動にみる香港の現在

最後に、この事件・運動が明らかにした香港社会の性質を整理してみたい。

行政における文化的思想の不在

二〇〇七年一月、スターフェリー時計台の取り壊し直後に政府が発表した「時計台復元」計画は、極めて奇妙なものといわざるを得ない。時計台の文化財的価値を否定し一度破壊したものを、すぐさま意見を翻し、全て新建材で「復元」するという極めて非論理的な対応であった。

二〇〇七年になってからおこなわれた一連のパブリック・コンサルテーションは事実上、政府が埋め立て事業を決定した後、ピアへの物理的影響が起きることを前提としたコンサルテーションであった。ピアの文化財価値についての議論が、ピアの破壊が起きるという既成事実によって喚起されたものであったため、文化財保存の議論の大前提であるはずの、文化財価値を評価・認識した上で、その価値を保存するための方策を考えるというプロセスが採られることはなかった。また、政府が工期の遅延による財政的影響を保存の議論よりも重視したこともあり、ピアの保全方法が「時間的にどれくらい長くかかるのか」、「どの程度の追加予算が必要か」という議論に終始するという、文化財の議論としては極めて本質的ではないコンサルテーションになってしまった(46)。

解体したクイーンズ・ピアの移築場所及び方法と時計台の復元場所については、二〇〇八年四月から三ヶ月間にわたっておこなわれた第二段階のパブリック・コンサルテーションにおいて、クイーンズ・ピアの移築に関する二種類の計画案が政府によって示された。A案は、ピアを、埋め立てられた新たな海岸線へ移築し、ピアとして再利用する、B案はピアを原地保存し、休憩場所として活用する、というものであった。文化財価値を構成する要素に「位置（location）」と「周辺環境（setting）」がある。物理的にピアの構造物が一部保存されたとしても、海岸線への移築がなされれば、位置と周辺環境という二つの重要な要素が損なわれ、本来のピアが他の構造物と共に構成していた空間の歴史的価値は大きく損なわれることになる。また、復元する時計台については、「ギャラリー」として使用し、オリジナルの時計台で使われていた鐘などの展示が計画されている。

第二段階のコンサルテーションで出された意見を受けて、二〇〇八年末時点では政府側が最終的な検討をおこなっている。コンサルテーションにおいては、保存運動をおこなってきた市民の多くは一貫して、元の地点でのピア再建、空間構成が持つ歴史的意義を訴え続けた。最終的な結論は未だ出されていないものの、政府はクイーンズ・ピアの海岸線への移築案を明らかに支持する姿勢を、コンサルテーション当初から見せ続けた。ピアの海岸線への移築案では、バイパス建設の工期に遅れが生じないことが強調されており、工費の額や業者との契約問題などが一貫して政府の優先事項であった。

これら一連の出来事は、政府には歴史や文化財への理解・認識が、一連の保存運動を受けた後でも、欠如していることを露呈することとなった。

新たな香港アイデンティティの創出

利東街と違い、スターフェリー／クイーンズ・ピアの取り壊しと移転は、誰かの生活や生業の場を奪うわけでもなく、誰かの人生が破壊されるというような切実さもない。従って、スターフェリー事件は若者など一部の市民の感傷的で感情的な運動、と揶揄されることがある。また、情熱的で逮捕も恐れず、何かを死守しようとする若い活動家たちは、クイーンズ・ピア運動の過程において「保育人士（Conservationist, 保存活動家）」、「保育分子」と呼ばれるようになった。これはメディアが彼らを単純化して安易につけた呼称であり、実態は必ずしも正しくない。

運動に参加した彼らの最終的な目的は必ずしも「保育（保存）」ではなく、都市計画プロセスの「民主化」である。スターフェリーに先行した利東街運動で住民や運動家たちが得た苦い経験、利東街で市民が学んだ都市再開発への確かな疑問と怒りがスターフェリーの布石となり、弱者を切り捨てない真の民主主義を渇望する思いが、スターフェリーという、香港でこれ以上にない象徴的でアイコニックな場所の力を借りて爆発した。運動に参加した建築家は、スターフェリーという極めて有名な場所の「価値」が社会に共有されたため、運動は予想を超える大きさになったのだ、という。従来、文化財といえば建築スタイルや時間的な古さばかりが語られる傾向があった。しかし、スターフェリーは建築的価値よりも「集合的記憶」、「庶民の経験」、「まちへの愛情」、「社会的価値」といった無形の要素が議論されたため、多くの市民の参加や同調を得た。

スターフェリー／クイーンズ・ピアに多くの若者が集まり、これほど情熱的な運動を展開した理由には、「集合的記憶」以上の背景がある。

当時二九歳の朱凱迪は、二〇〜三〇代の若者たちは混乱したアイデンティティを抱えているのだと語った。彼ら世代は一〇代の頃に返還を経験した。英国植民地時代と中華人民共和国返還後の両方の時代の経験と記憶を一〇〜二〇代で経験しているため、アイデンティティは混乱し、自分が誰なのか、どこに属するのか、何人《なにじん》なのか、簡単な答えが彼らにはない。

植民地時代、政府は香港人が政治的なアイデンティティを持たないように、人々や社会をコントロールしてきた。学校教育では香港史と中国現代史は一切教えられなかった。植民地政府としては中立的色彩を保ち、市民たちには何らの強いアイデンティティ意識を持たせないことが、社会の統治管理を容易にしてきたのである(47)。

朱よりも若い世代、現在の一〇〜二〇代前半の若者は更に深刻なアイデンティティの危機にある。彼らには植民地時代の記憶がほとんどない。そして八九年の天安門事件の記憶もない。天安門事件の時、香港人は民主主義と自らを同一視した。しかし八九年の記憶がない世代は、香港にも中国にも、どこにも自分たちの reference point（基準点、参照地点、アイデンティティの形成にとって重要な出来事や時期を指す）を持てない。だからこそ、香港の若い世代は「文化的資産（heritage）」をアイデンティティの拠り所として希求する思いが他の世代よりも強い。そうした文化財やそれを内包する生活環境そのものが、再開発によって破壊されているのも彼らは目のあたりにしてきた。それへの強烈な拒否感・反発が爆発したのがスターフェリー事件であったのだ、と朱は分析する。

例えば九七年以前、香港の文化といえば映画や歌謡曲などのポップ・カルチャーしか存在せず、それがすなわち香港のアイデンティティであった。植民地化以来、「テニスボールのように」政治に弄ばれてきた香港は、九七年以降、アイデンティティのコアとなるものがない。そして植民地政府にとって代わり、今度は北京の政府が政治的アイデンティティのコントロールを始めている。朱はまた、今の香港は“identity engineering process（アイデンティティ製造作業）”の只中にあると言う。「公」による現在進行中の「アイデンティティの製造」とは、「香港の過去を消去する」ことである。そして市民も同時に、違ったやり方で、アイデンティティを作り出そうとしている。なぜ若い彼らは、逮捕も起訴も、ハンガーストライキも、社会からの非難も恐れないのだろうか。朱はこう続ける――「僕たちはもう二度とテニスボールにはなりたくないからだ。テニスボールのように政治に弄ばれない都市香港を築くためだ」と。そしてそれは「香港の歴史を書き直す作業なのだ」と。これはおそらく、今しかできないことで、今から一〇年後、二〇年後にはもうできない。むしろスターフェリーのような運動は、返還から一〇年が経った今ではなく、返還直後の九七年に起こるべきだった、とも朱はいう。

スターフェリー運動の特徴のひとつは、若者たちがいうところの「直接行動（direct action）」である。この現象は利東街運動の後期に若者たちが運動に参加を始めてから見られるようになり、そしてスターフェリー事件で鮮明になった。直接行動とはすなわち、取り壊し工事を停止させるために工事現場に侵入する、現場に座り込みをして移動を拒否する、などの体を張った行動を指す。もちろん、武装したり他人に意図的に危害を加えるような行動はしない。

運動に参加した四〇代や五〇代の中堅専門家たちは、この「直接行動」を支持しない人が少なくない。ある四〇代の専門家はこのように言った――「若者たちはスターフェリーも利東街も、最初から負け戦を闘っている。自分はスターフェリーやクイーンズ・ピア、利東街がなくなったとしても、政府との議論を続けることによって全体的な方向性が望ましい政策に変わっていくのならば、フェリーピアの消滅などの個別の事件にはこだわらない」。

これに対し直接行動をとった若者はこう反論する――「直接行動などの何か「事件」が起きなければ政府は何も真剣に考えようとしないし、何も変わらない。個別の小さな事柄を変化させなければ、大きな方向性も変わらない」。

スターフェリーでの直接行動は計画的なものではなく、偶発的に起こした行動であったと若い活動家はいう。だが、その行動が、一時的にせよ工事をストップさせるという結果になったとき、彼らはある種の自信を得た。不可能と思っていたことが可能なのだ、と彼らは初めて感じた。そして彼らの確信と情熱は、クイーンズ・ピアで更に高まっていった。スターフェリー／クイーンズ・ピア運動では、「保育（保存）」ではなく「保衛」というスローガンが使われた。「保衛」は「保護」と「防衛」を意味し、「保存」よりも強い響きを持つ。直接行動という手段、そして若者たちの情熱と決意の表現である。彼らが本質的に守り「保衛」したかったものは、今まさに確立されようとしている、彼ら自身のアイデンティティであったのかもしれない。

スターフェリーで出現した別の新たな主題に、「本土（ローカル）」がある。ローカル・アクションが打ち出したキーワード「ローカル」は、クイーンズ・ピアという次なる場所で様々な意味や期待を背負うようになった。しかし運動の最中においても、それが何を意味するのかという定義は、はっきりなされていない。「ローカル」とはすなわち、「香港というホーム」のことなのだと私は感じている。香港に育ち、住む香港人が自分たちの場所をかけがえのない「ホーム」として愛し大切にする。そういう感情が「ローカル」に込められ寄せられた思いなのではないだろうか。そして彼ら若者たちは運動という実体験を通して「ローカル意識」、「自分たちのホームへの帰属感」を確立していった。

8　都市づくり民主化のゆくえ

スターフェリー／クイーンズ・ピアを「文化遺産」とする解釈はおそらく最適ではない。二つのピアは既に亡くなった過去の人々に属する歴史ではなく、今生きている人々の記憶であり感情の重積であり、香港現代史の象徴である。ピアの取り壊しは、香港の戦後五〇年間の激動を経験し、今も生きている香港庶民たちの人生と現在を否定するに等しい行為と市民たちは捉えた。そしてそれこそが、利東街で芽生えた社会の民主化運動が、スターフェリー／クイーンズ・ピア運動では、一地区や一事件を超えた社会運動にまで発展し、多くの香港人に少なからぬ精神的衝撃を与えた理由であろう。

利東街では全く柔軟性を見せなかった政府も、クイーンズ・ピア運動の後期では「移築保存」という妥協案を提示したことや、パブリック・コンサルテーションをおこなったことは、まさに市民運動の成果である。政府のやり方にはまだ多くの問題点が残されている。しかし、政府という最も機動性・柔軟性に欠ける巨人が揺り動かされたということは、とてつもない大きな力が社会全体に働いたことを意味することを見逃してはならない。

いまだに動画ウェブサイト・ユーチューブには、スターフェリー／クイーンズ・ピアに関する多くのショート・ムービーが掲載されている。それらは人々の様々な思いを載せた物語として編集され、あるいは運動の記録作品となっている。今はもう映像でしか存在しないピアは、今後、政府と市民によってどのように扱われるのだろうか。市民たちが気づいたピアが持つ「記憶」の価値は今後、継承されるのだろうか。そして新しいピアはこれから人々の記憶と体験を醸成し蓄積する「特別な場所」となり得て、いつしか香港の歴史に刻み込まれてゆくのだろうか。

注

（1）保護海港協会 "Victory for Victoria Harbour", http://www.harbourprotection.org/docs/project_victory.htm, 二〇〇四年一月九日
（2）李政賢「物換「星」移、天星四遷一百年」in SEE Magazine, 007, 香港：SEE Network Limited, 2006, p. 10

（3）Edinburgh Place Ferry Pier, Wikipedia, 二〇〇八年二月二二日
（4）参考文献16、一三六頁
（5）参考文献3、二九一頁
（6）参考文献18、五八頁
（7）房屋及規画地政局“Legislative Council Panel on Planning, Lands and Works, Arrangements relating to the Reconstruction of Old Star Ferry Clock Tower and Relocation of Queen's Pier in Central”, CB(1)677/06-07 (02), 二〇〇七年一月二三日
（8）Atkins China Ltd.“Central Reclamation III Comprehensive Feasibility Study for Minimum Option Appendix W Built Heritage Impact Assessment”, 2001；文化財影響評価の部分は Heritage Consultant の Peter Sui Shan Chan によって作成された。
（9）朱凱迪「由保衛天星到皇后碼頭的運動論述」InMedia, http://www.inmediahk.net/public/article?item_id=192050, 二〇〇七年一月三一日
（10）参考文献16、一七六頁
（11）鄭敏華「贍仰香港最後機械鐘楼」in SEE Magazine, 007, 香港：SEE Network Limited, 2006, p. 6
（12）参考文献13、五四頁
（13）注7参照
（14）参考文献3、二九四頁
（15）参考文献26、一八〇頁
（16）参考文献3、二〇九、二二五頁
（17）参考文献14、一五四頁

（18）参考文献3、二二頁
（19）参考文献26、一九二頁
（20）参考文献26、一八一頁
（21）参考文献3、二二、二一七頁
（22）参考文献26、一九三頁
（23）参考文献26、一九五、二四七頁
（24）参考文献26、一九六頁
（25）参考文献26、二四六頁
（26）参考文献26、二三五頁
（27）参考文献23、六―七頁
（28）参考文献3、二〇六頁
（29）参考文献23、四頁
（30）参考文献25、一八五、一九二頁
（31）参考文献3、二四頁
（32）香港大學民意網站、http://hkupop.hku.hk/
（33）参考文献3、二六四―二六七頁
（34）朱凱迪「本土行動天星皇后ＴＥＥ熱賣」InMedia, 二〇〇七年七月三日
（35）"CA Submission to Legco Panel on Planning, Lands and Works Insitu Preservation of Queen's Pier" LC Paper No. CB(2)2333/06-07(01)
（36）AMO "Heritage Assessment of Queen's Pier, Central" in Memorandum for Members of the Antiquities

Advisory Board Grading Queen's Pier, Central, Hong Kong, AAB/16/2007-08, 二〇〇七年五月九日
(37) 朱凱迪「改革開放—香港古蹟保育制度論壇」委員促請政府増強古諮会権力、InMedia, http://www.inmediahk.net/public/article?item_id = 254089, 二〇〇七年八月一九日
(38) Damon Pang, "Antiquities backing to save Queen's Pier", The Standard, 二〇〇七年五月一〇日
(39) Press Release "CE's Letter to Hong Kong", http://www.info.gov.hk/gia/general/200701/28/P200701260091.htm, 二〇〇七年一月二八日
(40) 朱凱迪「本土行動天星皇后TEE熱賣」InMedia, 二〇〇七年七月三日
(41) 参考文献16、一七七頁
(42) 董啓章「保留與開展—捍衛天星行動之双重意義」InMedia, http://www.inmediahk.net/public/article?item_id = 180415&group_id = 144, 二〇〇六年一二月三一日
(43) 福若郷子「機能主義（functionalism)」http://www.dnp.co.jp/artscape/reference/artwords/a_j/functionalism.html, 2002
(44) 同注（43）
(45) 参考文献8、二四頁
(46) Legislative Council Secretariat, "Panel on Home Affairs Bureau Subcommittee on Heritage Conservation Background brief on preservation of the Queen's Pier", 二〇〇七年六月二五日
(47) 梁文道「従「港獨」到「人心回帰」」明報、二〇〇七年六月二八日

第六章
屋外市場という香港文化
――その保全と市民運動――

市民団体 WCC による代替再開発計画発表記者会見

香港島セントラルは、都市としての香港の始まりの地であり、従って都市として最も歴史の古い地区である。セントラルは植民地化以来一貫して政治・経済・文化・娯楽などあらゆる分野の中心であり最先端であるため、常に再開発がおこなわれている地区でもある。セントラルはもともと平地が極めて少なく、地区内のほとんどが太平山の傾斜地となっている。古くから開発されている山側の傾斜地には、非常に小さな区画の上に建てられた唐楼や高層のペンシル・ビルが密集している。一九五〇〜七〇年代建設の低中層の唐楼の多くが改修され、しゃれた高級なアンティークショップ、ブティック、レストラン、サービス・アパートメントなどに転用されている。前章で見たように、海側の埋め立て地には新しい超高層のオフィスビル、ショッピングモール、政府庁舎や波止場がある。セントラルの居住者・就労者は富裕層が中心であり、また外国人が多いことも特徴である。

セントラルでは、前章で見たスターフェリー／クイーンズ・ピア事件以外にも、様々な都市再開発問題が同時発生している。そしてそれらもまた、利東街、スターフェリー運動から多大な影響を受け、力を得て、社会的広がりを持つ市民運動へと成長していった。

本章ではセントラルの屋外市場の保全運動を紹介する。屋外市場（street market, open air market）は香港の各地に存在する日常生活の一部であるが、近年それら屋外市場が次々と政府によって縮小・排除されている。このセントラル屋外市場保存運動は、「都市づくりの民主化」、

図6－1　昼時で賑わう市場

「市民参加の実現」という利東街、スターフェリー／クイーンズ・ピア運動の主題を引き継いでいるが、両運動で芽生えた「ローカル文化」、そしてとりわけ「路上文化」という香港庶民のアイデンティティ保全を前面に打ち出した闘いである。

1　セントラル屋外市場の歴史と現況

セントラル屋外市場（Central Street Market）は、ピール（Peel, 卑利）、グラハム（Graham, 嘉咸）、ゲイジ（Gage, 結志）の三本の街路に沿って小さな露店・店舗が並ぶ屋外型路上市場である（図1－1参照）。セントラル市場の始まりは一八四一年、すなわち植民地香港の開始と共に誕生した都市香港最古の市場であり、一七〇年間近くも続いている。二〇〇八年時点では、市場全体で約二〇〇軒の屋内型商店と営業許可を得た露店が営業している。

扱う商品は生鮮食料品が中心である。

セントラル屋外市場は、ビジネス街と蘭桂坊《ランカイフォン》及びソーホーという二大娯楽地区に隣接するため、市場の利用者は地域住民のみならず、観光客、付近のオフィス・ワーカーなど多様である。午前中の市場には、アマと呼ばれる住み込みのお手伝いさんたちが日々の食材の買出しにやって来る。昼時は安くて美味しいランチを食べにやってくるオフィス・ワーカーたちで大変な混雑になる。

香港各地で、政府主導による、このような屋外市場の計画的撤去と屋内型市場への移行が進んでいる。

2　H18再開発計画

URAによってH18と編番されたこの再開発事業「上環卑利街／嘉咸街重建計画（Peel Street/Graham Street Redevelopment Project）」は、屋外市場があるピールとグラハムの二つの街路を対象にしている。この事業は一九九八年にLDCが計画し、その後URAが引き継いだ。対象地総面積は約五、三〇〇平方メートル。事業予算規模は三八億香港ドル（約四二〇億円）。事業によって影響をうけるのは四七〇世帯一、一二〇人の住民、一三一の露店商と三〇軒の店舗である。対象物件は一九五〇〜六〇年代建設の唐楼三七棟。URAはこれらの用地と不動産を取得し、全住民・事業者を移転させる。ただし、数十年間の歴史のある「永和雑貨店」の外壁、三棟の戦前に建築された唐楼は保存する方針だが、その他の三三棟は取り壊される。

民間ディベロッパーとの共同による再開発では、二棟の各三〇及び三一階建ての高層住居棟、一棟の二六階建てホテル、一棟の三三階建てオフィスビルを建設する。四棟のタワーの地上四階分は、商業スペースとする。屋外市場は、原状回復はしない（口絵11参照）。

URAの計画は二〇〇七年五月にTPBの批准を受け実行可能となり、URAは用地取得のための補償交渉を進めた。

図6－2　市場エリアにある永和雑貨店，戦前の唐楼

3　市場再開発の争点

生活の破壊

再開発事業では、露店商らの生活と商売の補償はなされない。URAの規定にある移転補償はなされるが、香港でも最

も地価・不動産価格の高いセントラルという土地柄ゆえ、ＵＲＡの賠償額では、住民・事業者らは同じ地区内で代替物件を購入あるいは賃貸してとどまることは、ほぼ不可能である。当然、露店などの従来の生業も続けていくことができないことを意味する。

都心部の環境悪化

香港都心部の超高密度居住はとりわけ、過剰な人口、交通量、それに伴う家賃・地価上昇、オープン・スペースの不足、大気汚染など、様々な生活環境の質の悪化を招いている。H18再開発による新たな高層ビル群が生み出す地区内交通量の大幅増加は、現状の道路事情ではとても許容できるものではない。また、新たな高層ビルがもたらす気流の閉塞や日照不足、大規模工事による騒音と粉塵による汚染は、深刻な環境悪化をもたらすことが懸念される。

市民参加・計画決定方法への批判

ＵＲＡによれば、二〇〇五～二〇〇六年にかけて複数回パブリック・コンサルテーションを実施し、その中で住民たちから要望のあった、「地区の歴史的個性を活かした再開発」を取り入れ、「住環境を改善」する計画を立てたという。しかし、ＵＲＡがメディアと市民にマスタープランを公表した翌日、意見書受付期間は終わってしまった(1)。実施されたパブリック・コンサルテーションの内容も、一回の公聴会と計画書の縦覧のみであった。縦覧については、地区内に公告のポスターが出されたが、計画書そのものは、セントラルからは離れた場所にあるTPBの事務所に、日中の開所時間内にわざわざ行かなければ閲覧できない、というものであった。

賠償交渉は二〇〇九年二月現在進行中であるが、既に賠償に応じた所有者は、URAの賠償額が少ないのみならず、補償に応じることを強要された、あるいは、退去後は空き家になり建物は取り壊すだけなのに、住居の退去時に「原状回復」し、破損している部分を修復してURAに引き渡すよう言われた、などの交渉に対する不満が出ている。

事業は計画段階から一貫してトップダウン型であり、市民参加の余地はこれまで一切なかったと言ってよい。セントラルの市民団体はこのようなURA・政府の再開発のやり方を「ブランケット式開発」と呼んで批判する。すなわち、土地区画が細かく分割されているエリア全体に、一枚の大きな毛布（ブランケット）を上から覆い被せるような、画一的で繊細さに欠けたやり方、という意味である。

香港「路上文化」の保全

植民地時代から政府は、露店は衛生上そして都市管理上の「市区問題（urban problem, 都市問題）」である、と捉えてきた[2]。政府は一九七〇年代以降、露店の新規営業許可発行停止によって屋外の露店を縮減し、既存の露店は屋内型の市場へ移行する政策を採っている。露店商は高齢者が多く、許可証の新規発行がなければ政府の計画通り、露店や屋外市場は遅かれ早かれ絶滅することとなる。

「屋外市場」、そして、路上で様々な生業や生活をおこなう「路上文化」は、都市香港の歴史と共に各地区に必ず存在してきたものである。戦後大陸から香港に入ってきた大量の難民は、新天地の香港で生き延びていくために無許可の露店商になった者が多かった。慢性的に土地不足の香港では、あらゆる日常生活行為が路上に展開される。そうした長年の営みは、地区に対する市民の帰属感、コミュニティとしての一体感を育んできた。利東街やスターフェリーの社会運動の影響を受け、市民は、屋外市場は香港の個性、アイデンティティ、「集合的記憶」であり、将来も受け継いでいくべき営みであることをはっきりと意識し、再開発によるこれ以上の路上文化の不可逆的喪失を受け入れることを拒否し始めた。また同時にこの「路上文化」の保全は、グローバル化の最先端を行くセントラルへの反発でもある。屋内型ショッピングモール、高級ブランドショップやチェーンストアがセントラルを埋め尽くすことに、市民はすでに辟易している。

市民の反発が高まった後、政府は計画案を若干修正した。再開発エリアに「老店街（老舗ショッピング・ストリート）」を創出し、一〇軒の「老舗店舗」を三階建ての唐楼をモデルにした新しいビルに入居させることにより、この地区が持つ歴史性や個性を継承するとした。しかし、これは従来どおりの型にはまった「ハード」と「テーマ」志向の計画であり、かつ、屋外市場の維持は明言されていないため、住民・事業者たちはかえって不信感を強める結果となった。

4　再開発に対する市民運動

中西区関注組　インテリ住民の活動

図６−３　市場のゴミを使ったファッション・ショー

二〇〇五年、セントラルの長年の住民である羅雅寧（Katty LAW，ケイティ・ロウ）が中心となり、他の地元住民らとともに、セントラル及び隣接する上環・西環地区の再開発問題に取り組む市民グループ「中西区関注組（Central and Western Concern Group，セントラル及び上環西環地区コンサーン・グループ）」を結成した。羅は行動力と知性に富む主婦である。羅は二〇〇五年、二十世紀初頭の植民地建築であるセントラル警察署（Central Police Station）の見学会に訪れた。その際、空き家となっている警察署の再開発に関し、政府は何らの有意義な活用計画も持っていないことに初めて気づいた。また同地区の区議会議員からの情報によって、セントラル警察署の土地が競売にかけられたことも知った。セントラルの極度の建て詰まり、過剰な開発、大気汚染、交通渋滞、オープン・スペース不足、そして商業開発一辺倒の政府の方針に対し、羅をはじめとする一部住民らはこれ以上黙っていることができないと感じ、何らかのアクションをとる必要性を感じた。二〇〇六年一二月、スターフェリー事件をきっかけに、香港社会の都市保全に対する意識が大きく盛り上がり、羅をはじめとするセントラルの住民は大きく力づけられた。羅はセントラル屋外市場の再開発問題へも関わり始めた。コンサーン・グループは屋外市場を含むエリアのゾーニング変更を要求する「特別城市設計区(Special Design Area)」案を作成しTPBに提出した。その内容は、計画対象地内で単一事業者が開発をおこなうことを抑制し、複数の事業者を導入する、という新たなゾーニング・タイプの設置提案である。それにより、地区の現状を可能な限り維持することを目的としている。

やがてセントラル屋外市場保全運動には、香港大学、香港理工大学、嶺南大学、NGOの長春社(Conservancy Association)など、様々な組織が参加し大きな運動へと展開していった。彼らは、セントラル地区のカルチュラル・マップ作成、"Save Street Market"と銘打った数々のキャンペーン、アーティストたちによる市場をモティーフにした作品展示会、市場のウォーキング・ツアー、二〇〇七年と二〇〇八年の一一月には、市場そのものを会場としたフェスティバル（Central Street Market Festival）を開催し、広く市民への意識啓発、保全を訴えるキャンペーンを続けている。二〇〇七年のフェスティバルでは、市場から出る野菜・果物などのゴミから作った「衣服」によるファッション・ショー、ワークショップ、講演会、市場をモチーフにしたグッズの作成・販売などをおこない、メディアや市民の注目を集めた（口絵10、図6－3参照）。参加した学生、大学教員、住民など、全員がボランティアでおこなった。

二〇〇八年のフェスティバルは、「街市齊心抗海嘯（市場の心をひとつに、ツナミに対抗しよう）」というテーマの下、開催された。「ツナミ」とは、二〇〇八年の世界的金融危機と、URAによる再開発の圧力を意味している。フェスティバルでは、羅など運動をおこなう市民が製作した、市場で働く市民を取材したドキュメンタリーフィルムが上映された。市場のエリアにある、夜間閉まっているURA出張所の前にスクリーンを設置し、行きかう車両にしばしば上映を中断しながらの手作り上映会であった。

セントラルの市民運動は、コアメンバーのかなりの割合を、外国人が占めることが他地区の運動との大きな違いである。セントラルには外資系企業が集中し、外国人の居住者・就労者が特に多い。地区のユニークさと利便性から、セントラルを気に入って住む外国人は多い。そうした外国人たちは、教育レベルも高く文化的な関心も高い。そして、再開発事業で影響を受ける露店商や、比較的低所得者層の中国系香港人住民という当事者たちに代わり、外国人と香港人のインテリ市民が、セントラル屋外市場保全運動の中心を担うようになった。間接的利害関係者としてのインテリ市民の主体的活躍は、先行する利東街やスターフェリー／クイーンズ・ピア運動においても見られたものであるが、セントラル保存運動においてこの傾向は更に際立った。そのため、直接的利害関係者であるはずの露店商や唐楼の住民たちの存在・彼ら自身の意志が見えにくいものになってしまっている感は否めない。

市民グループによる再開発代替計画案の提出と今後の行方

先行運動同様、セントラル市場でも都市計画決定手続き・まちづくりの民主化を市民は求めた。また利東街の「ダンベル・プロポーザル」から強い直接的影響を受け、市民団体による再開発代替案の提出がセントラルでもおこなわれた。

ＵＲＡ再開発に反対し市場保存運動を展開するため、セントラルの外国人を中心とする市民グループ「国際都会委員会（World City Committee, 以下ＷＣＣ）」が結成された。ＷＣＣのコアメンバーたち自身は都市計画や建築の専門家ではないため、ボランティアのプランナーや建築家と共に、ＵＲＡに対抗する再開発代替計画案作成に乗り出した。

二〇〇八年二月一日、ＷＣＣは代替計画案（alternative proposal）「グラハム街ダンベル・プロポーザル」をＴＰＢに提出した。その前日の一月三一日、セントラルにおいて代替案の内容とＷＣＣの活動に関する記者会見が開かれた（本章扉写真参照）。

ＷＣＣによる代替案の概要は以下のとおりである：路上市場を維持・保全・改善することを最も重要な前提とする。ＵＲＡによる用地取得と補償交渉は継続させつつ、三〇棟以上の既存低層唐楼の一部のみを取り壊して再開発し、一部の唐楼は改修をおこないアップグレードする。ＵＲＡの計画のように既存の区画を統合して大規模区画とし、たった一つの事業者が事業対象地全エリアの唯一の土地賃借人となることは避け、現在の小規模区画・複数の土地賃借人が存在する状態を維持する。これによって地区内の土地利用・建築の多様性を保持する。二ヶ所の「アンカー・サイト」を設け、そこでは段階的な再開発をおこなう。具体的には、二棟のそれぞれ七階分のポディウムを伴う一八階建てと二三階建ての、オフィスとサービス・アパートメント用中層タワーを建設する。元の住民や事業者・露店商はこのタワーで継続居住・営業できる（口絵11〜13参照）。五年間をかけて段階的で緩やかな開発・移行をおこなうため、移転の影響は最小限に抑えられる。再開発によって生み出される総床面積は四万二、八二七平方メートルであり、ＵＲＡ案の三分の二に相当する。市場エリアを明確に設置し、定期的な清掃をおこない、現在問題になっている市場の衛生状況を改善する。

代替案の提出によって市民グループが期待することは、ＴＰＢがＵＲＡに対し、この代替案の採用を促して、既存URA計画の修正を求めることであった。

5　「路上文化」は持続可能か――セントラルと屋外市場のゆくえ――

露店商の免許は現在、新規発行が停止中であるが、仮に露店商の子供たちが商売を継ぐことが法的に可能であったとしても、露店商になることを希望する者は実際少ない。露店商は決して社会的ステータスの高い職業ではなく、収入も限られ、一年中の屋外労働は辛い仕事である。露店商たちは、子供たちには高い教育を受けて別の仕事に就くことを望むのが現実である。

湾仔で長年社会活動をしている、元区議会議員でもある市民は、香港の屋外市場自体が抱える問題を以下のように指摘する：長く続く香港の不動産バブルにより、店舗も露店も高い家賃を支払わねばならない状況にある。経済的なプレッシャーが大きいため、以前に比べて店の経営者たちは非常に自己中心的になり、他の店や地区住民、通行人の往来の便などを気遣うようなことが少なくなった。しばしば事業者同士や住民とのトラブルも起き、相互信頼が薄れてしまった。路上文化は今や、持続可能なものではなくなってしまった。

屋外市場の保存運動は、露店商という伝統的ビジネス形態、路上文化そのものの保存へ繋がるのだろうか。市場を保存しても、露店は遅かれ早かれ、消えゆく運命にある職業であり文化なの

図6－4　ブランドショップの立ち並ぶセントラル

だろうか。これはこの運動を通して、香港社会に投げかけられた問いである。

　ＷＣＣがＴＰＢに提出していた代替再開発計画案の審議が二〇〇八年五月におこなわれた。審議の結果、ＴＰＢは提案を却下した。その理由は、提案の技術的評価がなされておらず、実現性が低い、というものであった[3]。

　二〇〇八年末時点では、事業対象地の七五％の用地及び不動産がすでに、ＵＲＡによって取得されている。

　文化評論家の龍應台は二〇〇四年に「中環価値(Central District Value, セントラル式価値観)」という概念を提起し、現代香港社会を痛烈に批判した。「中環価値」とは、香港の行政・経済・文化の中心地であるセントラルこそが香港社会全体が追求している姿であり価値であることを意味する[4]。超高層の現代建築や高級ブティックの立ち並ぶ通り、そこに存在するのは中産階級の富裕なホワイトカラーの人々であり、彼らは英語能力に長け、常にビジネスで多忙。それがセントラルの光景である。龍應台によれば、香港政府や香港社会が海外に向かって自信を持って示すことができる香港の姿というのはそうした光景であり、またそのような場所や社会は「経済」、「富」、「効率」、「発展」、「グローバライゼーション」などといった言葉で表現される。そして、それと正反対に位置する下町の唐楼や屋外市場、路上で繰り広げられる様々な生活・生業活動や庶民の質素な暮らしは、香港にとって自信の持てないもの、恥と捉えられているため、ひたすらに破壊し、「セントラル的なもの」と置き換えてゆくのである。

都市部の街路が一つ残らず「セントラル式価値観」で塗り固められてしまう日が仮に将来くるとすれば、それは香港路上文化、ローカル文化が死に絶える日でもある。しかし、真の市民社会を志向する草の根の社会運動が始まった今、おそらく香港文化が死に絶えることはないだろうと私は感じる。今後の議論は、香港路上文化が今後どう形を変えるべきか、誰がその担い手となるのか、持続可能なローカルビジネスの経営システムとは何か、そしてどの部分を核として守ってゆきたいのか、というソフト面の方向へ展開してゆくことだろう。

二〇〇八年六月、香港政府は一九七〇年代以来停止していた露店商営業ライセンスの新規発行と譲渡に関し、大きく従来の方向性を見直し始めた。政府は「露店業は保存に値するローカル文化資源とみなされていることもある」ため、「露店業の凍結や根絶を厳正におこなうべきではない」との見解を立法会で表明した。そして同時に、露店のライセンス新規発行と譲渡に関する具体的な検討を始めた[5]。

こうした政府の政策転換が、屈することなく続けられている市民運動の成果であることは、いうまでもない。

注

（1）「給傳媒做大戲—市建局中環嘉咸街、結志街和卑利街重建計画」InMedia, http://www.inmediahk.net/node/201626, 二〇〇七年三月一三日

（2）SEE Magazine, 009, 香港：SEE Network Ltd. p. 16

（3）Town Planning Board "Minutes of 372nd Meeting of the Metro Planning Committee held at 9：00 am on 9.5.2008", http://www.info.gov.hk/tpb/en/meetings/MPC/Minutes/m372mpc_e.pdf, p. 27, 二〇〇八年五月九日

（4）Lung Ying-tai "Hong Kong, Where Are You Heading to?"（EastWestSouthNorth による翻訳・編集）, http://www.zmag.org/content/showarticle.cfm?ItemID = 6799, 二〇〇四年一二月五日

（5）Food and Health Bureau, Food and Environmental Hygiene Department "LegCo Panel on Food Safety and Environmental Hygiene Review on Hawker Licensing Policy" LC Paper No. CB(2)2147/07-08(03), http://www.legco.gov.hk/yr07-08/english/panels/fseh/papers/fe0610cb2-2147-3-e.pdf, 二〇〇八年六月一〇日

第七章
コミュニティの保全から創造へ
——ブルーハウス・プロジェクト——

湾仔民間生活館（ブルーハウス・ミュージアム）
地域住民スタッフとSJSソーシャル・ワーカー

香港都心部に残された最後の下町・湾仔は、第四章で紹介した利東街をはじめとする数々の再開発問題が多発している地区である（図1－1参照）。そのような中、奇跡のような異色の煌きを放つまちづくりプロジェクトが存在する。それが「湾仔民間生活館」または「ブルーハウス」である。この草の根の試みは、単なる保存をめぐる官民の闘いに終始するのではなく、創造性に富んだ住民の手による、住民のためのコミュニティづくりが、楽しみながらおこなわれている稀有な事例である。私はここを訪れ、このプロジェクトに参加する人に会うたび、楽しく幸せな気分にさせられる。もちろん、最初から彼らの試みがうまくいっていたわけではなく、住民たちは様々な問題を抱えて苦しみ悩んできた長い道のりがあり、そしてその苦悩は形を変えながら今も尽きることはない。けれども、いかなる問題が起きようとも、地域住民たちは前向きに明るく楽しく取り組んでいく。このようにシンプルだけれども先駆的な事例を、私は世界の他のどこにも見たことがない。

1　ブルーハウスの歴史

プロジェクトの拠点となっている「藍屋（Blue House, ブルーハウス）」（口絵14参照）は、都心部ではほぼ最後の初期唐楼建築の生き残りである。同じブロック内には、ブルーハウス以外に、

「黄屋（イエローハウス）」、「橙屋（オレンジハウス）」と呼ばれる二棟の住宅・商業用途の建物と一ヶ所の空地がある。ブルーハウスには二〇〇八年六月時点で、約一〇世帯、合計約三〇人が居住していた。イエローハウスとオレンジハウスも合わせた三棟全体では三四世帯、約八〇人が居住していた。建物所有者は大部分が政府であるが、ブルーハウスとイエローハウスの各一ベイ（同じ梁間《はりま》を共有する垂直方向のユニットの集合体）が個人所有である。

ブルーハウスの建築概要は以下のとおりである：四・五メートル幅のベイが四列に並んだ、隣戸と壁を共有した長屋形式になっている。四階建て、合計二ヶ所の階段があり、二つのベイがひとつの階段を共用する団地形式である。日本の町家のように奥行きが細長い。構造はレンガ及び木造である。初期唐楼の特徴であるバルコニーを備えている。

ブルーハウスの名称由来はその外壁の色である。政府が一九九〇年代に政府所有部分の建物の外壁塗装を行う際、たまたま政府の倉庫に大量の青色ペンキのストックがあり、無

図7-1　イエローハウス

料で使うことができたので、建物を青色に塗ったのだという。

ブルーハウスが建つ以前、この場所には何があったのであろうか。

一八六七年以降、このブロックに「華佗医院（Wah Toh Hospital）」またの名を「湾仔街坊医院（Wan Chai Kai Fong Hospital）」という名前の病院、というよりはむしろ町医者的な診療所が建っていた。[1]「街坊《カイフォン》」とは小規模なコミュニティを意味し、「華佗《ワトウ》」とは医療の神である。診療所閉鎖後一八八七年、建物は神医・華佗を祀る寺院「華佗廟（Wah Toh Temple）」となった。[2]その後一九一〇年代後半か一九二〇年代初頭にこの二階建ての診療所兼寺院であった建物は取り壊され、一九二二年頃、現存の四ベイからなる四階建て唐楼集合住宅（ブルーハウス）が建てられた。以前にあった華佗廟は、新しく建った唐楼の角部屋である石水渠街（Stone Nullah Lane）七二号の地上階部分に組み込まれ、戦後まで機能していたといわれている。戦後から七〇年代の中～後半まで、廟はブルーハウスの住民が管理していた。その元管理人の息子が現在もブルーハウスに居住している。

イエローハウスが建築されたのは、ブルーハウスより数年後の一九二五年か一九二六年といわれる。三階建て、四ベイの唐楼で、ブルーハウス同様、一階路面部分が店舗、二階以上が集合住宅として使われた。ファサードのアール・デコのデザインが特徴である。木造の勾配屋根は灰色の中国瓦で葺かれている。

一九五〇年代には寺院のあったユニット石水渠街七二号に、武術師の林祖《ラム・チョウ》という人物が中国功夫（カンフー）の教室を開いた。林祖は林世栄《ラム・サイウィン》という武術師の甥にあたる。林世栄は中国本土で有名であった武術師・黄飛鴻《ウォン・フェイホン》の弟子であった。一九六〇年代になり、林祖の息子の林《ラム・》鎮顕《チュンヒン》が武術教室を整骨院に変えた。この整骨院「林鎮顕医館」は現在は林鎮顕の妻が営業を続けている。また戦前、石水渠街七二号二階の部屋は「鏡涵義学（Kang Ham Free School）」という名称の児童教育施設として使われていた。現在もブルーハウスに居住している七八歳の男性はかつてこの学校に通っていた。七、八歳以上の四十数名の生徒が在籍しており、授業は週に六日、朝から夕方まで、科目は歴史、算数、公民、孟子、論語などがあった。男性は、この教室で子供の時学んだ中国の歴史故事が非常に好きだったこと、悪戯をして先生に怒られた時の様子などを鮮明に記憶している。しかし就学中に勃発した戦争の混乱を逃れ、彼の一家は中国本土へ一時避難した。そのため、彼はその後学校に通うことができなかった。[3] 同じベイ七二号三・四階部分は、更に別の学校「一中書院（Yat Chong College）」が使用していた。一中書院は当時この地区で唯一の、英語で授業をおこなう私立学校であった。この学校は学費の支払いが必要であった。二つの学校は戦後閉鎖され、その後は住居として使用されるようになった。その他に、かつてブルーハウスには、酒屋、海産物業商工組合の事務所などが入っていた。

一九五〇年代後半になって、オレンジハウスが建てられた。四階建ての唐楼である。かつては材木倉庫としても使われていたという。

一九六〇～七〇年代の石水渠街は、現在と様子が違い、麺類や粥などの簡易食堂が多数あり、人の流れが多く、前章で述べたような「路上文化」が展開される、とても賑やかな街路だったという。多くの児童たちが登下校の時間には食堂に立ち寄って食事を取り、夜になると住民たちが路上に出て将棋をしたり、広東オペラに聴き入ったりしていたという。

一九七八年から八〇年までの間に、ブルーハウスの一ベイとイエローハウス一ベイを除いた部分、オレンジハウス全体とそれぞれの土地使用権を政府の地政署（Land Department）が購入し、政府所有物件となった。ブルーハウスとイエローハウスの各一ベイは、所有者が所在不明で、政府が購入することができなかった。政府がこのブロックの土地建物を購入したのは、ブロック全体をオープン・スペースにするという計画が当時あったためである。しかし政府は購入はしたものの、それ以降三〇年間、このブロックに対し具体的なアクションをとることはなく、建物はアパートとして賃貸され続けた。

二〇〇〇年になり、AABはブルーハウスを「一級歴史建築」、イエローハウスを「二級歴史建築」にそれぞれ文化財登録した。建築以来七〇年以上の時を経て、ブルーハウス群は「文化財」としての位置付けになった。文化財登録後は、取り壊し計画をそのまま実行するわけにはいかなくなり、代わりに「保存」型の整備計画を作り実行する義務が生じた。

2　政府による再開発計画

二〇〇六年三月三一日、ＵＲＡと香港房屋協会（Hong Kong Housing Society, 香港住宅協会）による共同事業“Revitalization/Preservation Project in Wanchai（湾仔保存活性化事業）”の実施が発表された。香港住宅協会はＵＲＡ同様、半官半民の性格を持つ組織であり、公営住宅の整備などをおこなっている。この事業はブルーハウスが所在する一ブロックのみ（九二九・五平方メートル）を対象とし、予算規模は一、〇〇〇万香港ドル（約一億一〇〇〇万円）。実質的には住宅協会が事業のイニシアティブを取ることとなった。

住宅協会による再開発計画は、ブロック全体を「茶」と「中国医学（中医）」をテーマにした観光スポットにするというものであった。具体的な計画内容は、ブルーハウスとイエローハウスの個人所有物件の所有権を住宅協会が買収した後、全居住者を移転させる。その後、この二棟はすでに文化財登録がなされているので建物を保存し、必要な補修工事をおこない、内部に茶館などを設ける。オレンジハウスについては文化財登録がないので建物を取り壊し、文化活動のためのオープン・スペースとし、休憩場所やコミュニティの集会、展覧会などをおこなう場所とする。テーマとして茶と中医を選んだのは、かつては茶葉の交易が湾仔であったこと、中医については、ブルーハウスの建設以前に、同じ敷地に湾仔で最初の病院が存在していたこと、ブルーハウス内で長年経営されてきた中国式整骨院の存在などを根拠としている。

この再開発計画案では他の再開発計画同様、住民には転居か継続居住かという選択肢は、最初から与えられなかった。政府や住宅協会は、ブルーハウスを現状の物理的状況のまま住居として継続使用を認めることはできないと主張した。その理由は建物の劣化が激しいこと、防災設備や衛生施設が不備であり、現在の法律「建築物条例」に適合しないためである。香港の法律では、日本のように、文化財指定された歴史的建築の場合は建築基準法の適用内容が特別に緩和されるという法的措置は存在しない。仮に建物を現状維持するとしても、その補修費は毎年三〇〇万香港ドルに上り、その費用には何らかの商業活動による収入が必要であり、無策にこのまま高額な補修費を拠出し続けることはできない、という見解を住宅協会は示した。したがって、現状のような低家賃の集合住宅としての使用は、十分な現金収入を生み出さないという点でもふさわしくないとしたのである。

住民の移転方法は、法律によって定められた二種類の選択肢、すなわち、現金補償か公営住宅への転居がある。居住者たちにとって、仮に三つ目の選択肢、すなわちブルーハウスを改修し、法律で定められた住居としての条件を満たした上で、元の場所に戻り継続して居住するという方法が技術的に可能だとしても、改修後の家賃は何倍にも上がる。そのため住宅協会は、元の住民はいずれにしても高額な家賃を払えず、住み続けることはできないだろうという前提のもと、三つ目の選択肢を当初から考慮することはなかった。

このため、政府と住宅協会による計画案は、直接影響する住民・所有者のみならず、地域住民・市民の強烈な反対と怒りを招いた。事業によって転居を迫られる三四世帯のうち、一〇世帯余りが退去を拒否する姿勢を示した。

ブルーハウスの一部住民がこの場所に住み続けたい理由は何であろうか。住民にはそれぞれ違う事情があるものの、一般的に共通する理由は、都心部という交通の利便性、都心では格安の家賃、病院が近いこと、そして長年かけて構築してきた社会ネットワーク、長期居住の住民にとってはブルーハウスこそが先祖代々が住んできた「ホーム」であること、高齢の住民は生活環境を大きく変えることは避けたいこと、などがある。そうした住民たちは簡単に自分たちの継続居住の権利を諦めることはせず、政府の事業計画に対抗すべく、湾仔に拠点を置くSJSを中心に、話し合いやワークシップを何度も重ねた。二〇〇六年秋には、住民等関係者たちは自身の権利を守るため、「藍屋居民権益小組（ブルーハウス住民権利グループ）」を結成した。

二〇〇七年に入り、住宅協会は住民の要求に応え、建物の指定用途の若干の変更をおこなったものの、それ以外の住民からの意見、例えば社会ネットワークの保全に関する懸念や市民参加の要求などには、何らの反応や対応も示さなかった。住宅協会はブルーハウスの再開発計画を淡々と進める予定でいたからである。しかしながら、後述するように、二〇〇七年一〇月に事態が急転する。

3　コミュニティ・ミュージアム　ブルーハウス

「コミュニティ・ミュージアム」とは、香港においては、小規模な地区（社区、コミュニティ）の住民たちによる、地区の歴史文化紹介などの活動をおこなう場所、という意味で使われている。必ずしも固定したパーマネントな博物館・美術館としての場所・施設を持たず、ミュージアムはコミュニティ内で移動する可動性の高いものと受け止められている。

二〇〇四年、SJSのソーシャル・ワーカーが中心となり、ブルーハウスを拠点としたコミュニティ・ミュージアム計画が始まった。この時期は、まだ住宅協会は具体的な再開発内容を公告していなかったが、遅かれ早かれブルーハウスで何らかの再開発がおこなわれることは明らかであった。SJSによる計画の目的は、ブルーハウスという狭いブロックにとどまらず、湾仔地区全体の文化振興に寄与することであり、更に、地域住民が集うコミュニティ・スペースを提供し、広く地域住民の参加を得ながら、コミュニティに対する住民の帰属意識とアイデンティティを構築させてゆくことであった。

ＳＪＳは政府の助成金を得て、二〇〇四年から二〇〇六年にかけて、路上展示会の開催、コミュニティ・ミュージアムとしての「湾仔民間生活館」の構想、ウォーキング・ツアーの実施方法の検討と実施、ツアーガイド養成のワークショップ開催、ミュージアムに展示する品物の収集、ブルーハウス・ミュージアムの設置場所として石水渠街七四号の土地建物の賃貸を所有者である政府地政署に申請するなど、着々と本格的なミュージアムをオープンさせる準備を進めた。約三年間にわたる、ＳＪＳと地域住民による準備活動の結果、二〇〇七年一月、ブルーハウスの一ユニットに「湾仔民間生活館」がオープンした。

この博物館は、極めてユニークで創造性に富む運営方法やプログラムを次々と打ち出している。まず一般の博物館と違い、この博物館が展示する品物は、湾仔地区住民から寄贈・寄託された生活用品・商売道具などである。開館に当たって、ＳＪＳのスタッフは使わなくなった品物の貸与・寄付を地区住民に依頼した。再開発事業が多い地区だけに、住民たちの転出が多い。通常、移転先はより狭いスペースとなるので、引越しの際に多くのモノが捨てられる。生活の記憶や商業の歴史を感じさせる貴重な品物が行き場もなく捨てられてしまう。そういったものを博物館が引き受ける。なかにはゴミ捨て場から拾ってきたものもあるが、多くのものが寄付されており、住民からの自主的な持ち込みも多い。寄付を受ける際は、持ち主からその品物に関する逸話などの聞き取りをおこない、記録する。四〇〇〇点以上の品物が既に集まっており、博物館には極

図 7-2 湾仔民間生活館（ブルーハウス・ミュージアム）

めてローカル色の濃い品物が常に展示されている。博物館の地域住民スタッフはこう言う――展示された品物を見た人は、自分自身のストーリーをしばしばその品物の中に見る。そこでは見せる人と見る人の相互作用が起きるのだ、と。

博物館はコミュニティ・スペースとしても位置づけられていることもあり、入館料は無料である。ＳＪＳや地域住民メンバーが企画したブルーハウスや湾仔をモティーフとするグッズが販売されている。見学者はグッズを「購入」するのではなく、見学者による現金の「寄付」と位置づけられている。売上金は全額博物館の運営資金として使われる。

見学者は予想以上に多く、平日は一日平均五〇人、週末は一日に二〇〇～五〇〇人が訪れる。たまたま通りかかった人、ニュースや記事を見てきた人、そしてブルーハウスには毎日多数のアマチュア／プロのカメ

図7-3　湾仔ウォーキング・ツアーをガイドする住民スタッフのテレンス

ラマンがカメラ片手に訪れる。見学者の八割は香港人、外国人は二割程度いる。

ミュージアムが実施するウォーキング・ツアー「湾仔社区文化旅遊」は開館以来、大きな人気を博し、回数も内容も拡大を続けている。毎週末、湾仔の食や伝統工芸、怪談などといったテーマ性のあるツアーを住民スタッフたちが実施する。定期ツアー以外に、要望に応じたプライベート・ツアーを実施しており、特に中学生の社会科見学の需要が非常に多い。ツアーの参加料金（一回一名四〇香港ドル）は、ミュージアムの運営資金とガイドへの給料に充てられる。ツアーガイドは地区住民に限定されており、現在九名ほどがいる。地区住民でなければならない理由は、彼ら自身が湾仔という場所に自分たちのストーリーを持っているからである。住民以上に適任なガイドはいない、そう住民スタッフの一人のテレンス（肥陳、ファット・

チャン）は言う。ガイドになるには特別な研修を受ける必要がある。ガイドにはツアー参加者の記憶・思い出を引き出す能力が必要である。ただの情報提供ではいけないのだ。また、安全講習も受ける。研修を終えると「修了証書」が授与される。ツアーガイドを一日二回おこなうと、ガイドは約七〇〇香港ドルの収入を得る。しかしながら、ガイドの地域住民たちはツアーガイドで彼らの生計を立てていこうというつもりはない。ビジネスにした途端、面白みがなくなると考えているからだ。

4　ブルーハウスをとりまく人々

このミュージアムのユニークさは関わっている「人」にある。企画者であるＳＪＳのみならず、多様な地域住民、大学の研究者、専門家が次々と自発的に参加し、常に活気に満ちた場所になっている。こうしたユニークな人々の一部を紹介する。

湾仔地域住民

ミュージアム・プロジェクトはＳＪＳの若いソーシャル・ワーカーたちが企画し、始めたものであるが、彼らは地域住民やブルーハウス住民たちの参加・協力を呼びかけ、プロジェクトは大きく広がっていった。

地域住民でもあり、事業当初からこのプロジェクトのキーパーソンでもあるのが、テレンスである。四〇代後半の彼は、湾仔生まれ湾仔育ちの脚本家／ゲーム・クリエーターである。彼は一九七〇年代、中学生だった時に二年間、ブルーハウスの一室を勉強部屋として借りていた。彼がブルーハウスのプロジェクトに関わるようになったきっかけは一種の偶然であった。ある日、ブルーハウス・ミュージアムで展示する品物寄託の協力依頼をして地域を回っていたSJSのソーシャル・ワーカーがテレンスの自宅を訪ねて来た。

「この家には何か古いモノはありませんか?」と尋ねるSJSスタッフに、「この家で一番古いのは僕だよ」とテレンスは切り返し、そして彼は続けた。「僕が要るかい?」「はい! もちろん」。

これが、中学生以来三〇年の時を越えたテレンスのブルーハウス物語の再スタートとなり、彼はブルーハウス・プロジェクトのボランティア脚本家、プロデューサーとなったのである。

彼はミュージアムの運営や展示の企画などに、様々なユニークなアイデアを提供した。テレンスは二〇〇八年時点で、ミュージアム運営のコア・メンバーを既に退いている。一人の人間が全てを決めて動かすような体制にはしたくない、他のメンバーを尊重し、より多くのメンバーが自立的に運営してほしい、との思いからである。彼はミュージアムの「持続可能な発展」こそが何よりも大切であることをよく認識している。一歩引きながらも、彼はほぼ毎日ブルーハウスを訪れ、他のメンバーとおしゃべりをしたり、外国人来館者への英語による解説、ウォーキング・ツアーのガイドなどに参加している。

テレンスは彼ら地域住民が持つミュージアムの理念を次のように説明した：第一に、湾仔という小さな範囲で、自分たちについての活動をすること、そして第二に、できることだけをやること（"we do what we can do"）。

ミュージアムの運営組織「湾仔民間生活館 核心組《コア・グループ》」には、地域住民を中心に約二〇名のコア・メンバーがいる。彼らは三ヶ月ごとに更新する企画展示の内容、展示する品物、解説文、展示方法などを自分たちで考える。

ブルーハウスを核として様々な活動をおこなう中で、新たな地域社会ネットワークが構築・強化されていくことを、彼ら住民自身が強く実感している。

ブルーハウス及び同じブロックの集合住宅の居住者には高齢者と長期居住者が多い。ブロック内三棟の住民のうち、四割は高齢者、六割強が二〇年以上居住している。うち五世帯は五〇年以上居住している。ミュージアム運営の活動には参加できなくとも、何をするでもなくミュージアムに現れ、ボランティアたちとおしゃべりを楽しむ高齢者住民の姿をよく見かける。

ブルーハウスには楊氏という伝説的な人物が夫婦で住んでいる。八七歳になる楊氏は、祖父の代からブルーハウスに居住しており、最もよくブルーハウスと湾仔の歴史を知る人物である。楊氏は彼の世代には極めて限られていたエリート香港人の一人で、香港大学卒のエンジニアである。楊氏の何が伝説的かというと、彼は香港で初めてラジオを製造した人物なのである。かつて三二年間、仕事のためイギリスに在住していたが、帰国後は自分の故郷であり実家であるブルーハウスに四〇年以上住み続けている。戦時中の日本占領時代、戦後の混乱期、そしてその後の香港の急成長、という香港現代史を、湾仔を定点として体験してきた人物である。

楊氏はいう――「政府は、ブルーハウスは問題だらけで居住には適さない建物だというが、住み続けるのに何も問題はない。高い天井、交通の便、エアコンも不要、トイレがないのも慣れているので問題ない」。

楊氏は植民地時代そのままの思考の政府、「古いモノは不要なモノだ」という固定観念の政府を厳しく批判する。

ブルーハウスの裏手には細い路地がある。その路地で長年、理髪と整体を営む九〇歳の男性がいる。路地の間に雨よけのブルーシートを張り、その下に机と鏡と鋏を置き、客が来るのを待つ。散髪代は極めて廉価である。この理髪師は五〇年以上ここで理髪と骨接ぎを続け、地域住民に愛されている存在である。

香港のユニークな歴史と文化そのものを体現する人々が、ブルーハウスには集まっている。

ソーシャル・ワーカー

激しい格差社会で取り残され、政府には顧みられも助けられもしない、貧しい社会的弱者に対し、SJSのソーシャル・ワーカーたちは底知れぬ優しさと責任感を持って接する。そんな彼らはもちろん地域住民に愛され、頼られている。彼らの存在なくしては、ブルーハウス・プロジェクトは始まることさえなかっただろう。

このことは、前章までにみてきた事例、そして本書では紹介しなかった他の多くの事例においても共通する現象である。確固たる正義感と香港への深い愛情、そして香港の将来に対する責任感を持って、現代香港社会を厳しく批判し、改善のための戦いの最前線に常に立っている人の多くは、彼ら若きソーシャル・ワーカーたちなのである。

「板間房《バンガンフォン》」の人々

先述したように、ブルーハウスには多様な背景を持つ住民たちが住んでいる。何十年もここに居住している湾仔人、大陸からの新移民、単身の出稼ぎ労働者、家族暮らし……。彼らの経済状況も様々であり、中産階級に属する人もいるが、多くは低所得者層の人々である。

香港の住宅の狭さは世界的にも有名であり、特に低所得者層の住環境は、劣悪な場合が少なくない。そうした低所得者の人々が暮らす極狭の居住スペースの種類のひとつが「板間房《バンガンフォン》」(multipartitioned apartment)」である。唐楼の中の、本来はひとつの部屋であった空間を板壁で仕切って作り出した、小部屋の集合体のことである。(4) 四つ以上一二以下の小部屋群を、板間房と呼ぶ。ひとつの板間房の広さは通常、二メートル四方、四平方メートル程度である。板壁は通常、天井に近い上部には換気のために仕切りがなく、隣の部屋とつながっているため、音も筒抜けである。ベッドと小さな棚を一つ置けばそれで一杯になる極小の空間に一人、夫婦二人、あるいは家族四人が居住している場合も少なくない。当然、窓がない板間房が多い。こうした居住空間は、その狭さと環境の悪さのため、湾仔などの都心部でも比較的低い家賃で借りることができる。公営住宅に入居するまで待つ間の仮住まいが必要な人、公営住宅に入居する権利のない大陸からの新移民、通常の家賃が払えないほど困窮している人々、難民として外国からやって来た不法滞在者などがこういう環境に暮らしている。究極まで人口密度を高めた空間でのプライバシーの完全な欠如、不衛生で劣悪な環境は、住民間のストレスを高めるが、同時にこの究極に密接した空間と厳しい生活の中では、住民間の相互扶助も必然的に育まれた。

ブルーハウスには多くの板間房が存在する。その一室に、六五歳の母親とその娘が暮らしている。個人所有ユニットであるため、政府所有部分と違い、建物のメンテナンスがほとんどなされておらず、住環境は圧倒的に悪い。母親は二年前に大陸から移民してきた。すでに亡くなった夫が香港人であったため、香港に来ることができた。母親は読み書きができない。古紙収集を毎日おこなって、わずかな金を稼いでいる。娘は飲食店で勤務している。最近、娘が母親に携帯電話を買い与え、母親はSJSのソーシャル・ワーカーに携帯電話の使い方を習っている最中である。彼女たちの板間房には二段ベッドが置かれ、残りの畳一畳分ほどのスペースに日用品やテレビ、調理器具が置かれている。同じフロアに台所、洗濯機があるが、台所は使用されている気配がない。トイレ・シャワーはないため、歩いて数分の場所にある公共トイレ・浴場を使っている。

一方、ブルーハウス政府所有部分の角部屋二階部分の一ユニット全体を借りて住んでいる女性とその家族がいる。政府所有ユニットであるため維持管理は行き届いており、二階の角部屋であるため日当たりもよく、広々としている。高い天井のせいもあり、清潔感と開放感に溢れている。改修工事によってトイレ・シャワー、キッチンが部屋の中に備わっており、パソコンもある。誰の眼にも快適な居住空間である。

その広々としたユニットの階段をはさんだ向かいの部屋は、内部が仕切られ、板間房になっている。複数の板間房があるが、住んでいるのは現在一家族だけである。政府が新たな賃貸を停止しているからだ。住民は、八〇歳の男性と妻、二〇代の学生である娘の三人家族である。八〇代の父親はブルーハウスに五〇年以上、彼の祖先を含めると七〇年以上住み続けている。彼はブルーハウス・ミュージアム開館後、次第に活動に興味を持ち、今では非常に熱心なウォーキング・ツアー・ガイドであり、また週末にはミュージアムの管理・解説を担当するスタッフである。私は彼に聞いてみた。もし政府が再開発計画のために移転を要求してきたらどう思うか、と。彼はこういった――「政府が退去しろといえば、退去するだけだよ」。

ブルーハウスは、人々の幸せも不幸せも、たくさん詰まった空間である。比較的経済力も学歴もある住民もいれば、社会の底辺の暮らしをしている人もいる。低所得者の人々の多くは、ミュージアムや文化保存といったことに積極的に関わっている余裕はない。生きてゆくだけで精一杯だからである。

私はSJSのソーシャル・ワーカーの計らいで、先にも紹介した板間房に住む新移民の母娘の部屋を訪れる機会があった。四平方メートル程度の狭く暗くて劣化の激しい空間。私が広東語が話せず、母親は北京語も英語もできないため、ソーシャル・ワーカーが通訳してくれる。母親は、「お湯を飲むか?」、「ここで晩ご飯を食べていくか?」としきりに私を気遣ってくれる。他人など気遣う余裕もないはずの暮らしの中で、それでも彼女は私に気遣いを見せる。読み書きのできない母親に対し、ソーシャル・ワーカーは息子か孫のように親身になっていつも世話を焼いている。政府から一方的に送付されてくる通知を彼女は読むことができないし、読むことができてもその意味を理解するには、おそらく誰かの助けが常に必要だ。屋上に出ると、ゴミがたまり荒れていた。高層ビルに取り囲まれたその空間に立ち、私は眩暈を覚えた。私の香港の友人たちのほとんどは、裕福で高いレベルの教育を受け、社会的に成功している人たちばかりだ。私にとっての香港とは、そういう人たちばかりで構成されている輝ける社会であった。この小さな板間房に足を踏み入れてやっと、香港の別の側面が現実に存在することを知った。香港がどれほど大きな矛盾を、格差を孕んだ社会であるかを知った。そして働いても、働いても、永遠に貧困から抜け出せないことが明らかな人たちが、この社会には無数に存在することを知った。

その夜、私は建築家の友人とセントラルで夕食を共にした。そのたった一回の夕食に払った金額は、あの母娘の住む板間房の一ヶ月の家賃とほぼ同じ額であった。

二〇〇八年一月に香港中文大学が実施した世論調査によると、香港市民の九割近くが香港の貧富の格差拡大を深刻な問題と捉えているという。(5) 香港政府は、貧富の格差是正、就労問題の解決、文化財の保護などを実現する「和諧社会（調和の取れた社会）」の前提として「発展」を掲げる。

「発展」とは誰のためのものなのだろうか。私は擬議せずにはいられなかった。

5　二〇〇七年に始まった新たな文化財政策

二〇〇四年以来急激な高まりを見せた都市再開発に対する市民運動を受け、二〇〇七年に入り、政府は都市再開発と文化財保存政策の見直しを開始した。二〇〇七年一〇月の行政長官による施政報告の中で公表されたその内容と、ブルーハウスに関連する新たな動きを本節で見てゆく。

二〇〇七年施政報告で打ち出された文化財政策

「過去数年間において、香港の人々は自分たちの文化と生活スタイルに対する情熱を表現するようになった。これは私たちが大切に愛すべきものである。今後五年間において、私は文化遺産保存の業務を推進していく(6)」。

二〇〇七年一〇月になされた施政報告の中の、文化財保存に関する項目の冒頭における行政長官の演説である。

施政報告とその直後に続く立法会の委員会において、政府は文化財保存に関する以下の新政策を打ち出した(7)。

- 公共事業における「文物影響評估（Heritage Impact Assessment, 文化財影響評価）」実施義務化
- 個人所有「法定古蹟」及び「歴史建築」の修復・維持管理への資金援助及びＴＤＲや換地などのインセンティブの導入

・発展局の下に新しい文化財行政機関「文物保育専員辦事処（Commissioner for Heritage's Office, 以下ＣＨＯ）」を設置
・政府による Heritage Trust の設立
・文化財保存への市民参加、パブリック・コンサルテーションの強化
・政府所有歴史的建造物の活用再生（adaptive re-use）

施政報告で打ち出された「文化財影響評価」義務化の導入、市民参加の強化は、これまでに発生し、今後も予想される数々のＵＲＡ・政府による都市再開発事業での住民・市民との衝突を事前に軽減するための措置である。施政報告以降の政府の動きを見る限り、これら政策の中で最も政府が力を入れて取り組んでいるのは「歴史的建造物活用再生事業」である。これについては本節後半に二〇〇八年末までの動きを詳述する。

「発展局」という新たな開発・文化財行政の主体

二〇〇七年七月一日、香港政府は、都市問題に関して極めて重大な意味を持つ組織再編を実施した。いくつかの局（省）レベルの組織が改組され、「発展局（Development Bureau）」が新たに設置された（図3－3参照）。この改組により、発展局下には従来異なった局に分散していた都市計画、土地政策、都市再開発、公共工事、住宅、文化財の領域がまとめられた。事実上発展局傘

下の組織であるURAも含め、多様な都市問題に一体的かつ実効性のある対処をするのが発展局のミッションである[8]。

先述した施政報告の宣言通り、発展局は新たな文化財行政部門CHOを二〇〇八年四月に設置した。一方、以前から文化財行政を担っているAMOは、CHO設置後も、民政事務局の下に存在しているが、政府は文化財行政、特に政策を発展局の管轄に急速にシフトさせている。文化財行政の主管は、すでに民政事務局（民政事務局局長）から発展局（発展局局長）に移行が済んでいる。AMOは、CHOが立てた政策の実行部隊として存続する予定だという[9]。

新生発展局の初代局長に選ばれたのが、林鄭月娥（Carrie LAM, キャリー・ラム）である。林は行政長官の信頼の厚い人物と言われている。単なるお飾り的なトップではなく、リーダーとしての決断力を備えた人物である。林局長はこう発言している——「市民の声を無視すれば、かえって時間とコストがかかることを政府は学んだ[10]」。彼女が今後市民の声をどのように聞いていくのか、そしてそれにどのように対処するのか、香港市民は興味深く注目している。

発展局設置の最大の要因は、二〇〇三年以降市民の間で高まり続ける政府の都市再開発や文化財保存政策に対する市民からの批判である。市民運動に参加したある若者はこう言う——「発展局とは、利東街やスターフェリー運動で出現した新しいタイプの社会活動家が従来の政府組織では手に負えないため、彼ら活動家対策として設けられたものなのだ」。

歴史的建造物「活用再生」という新主題

（1）「パートナーシップ方式による歴史的建造物の再生」事業

歴史的建造物の「活用再生（adaptive re-use）」とは、建物が本来持っていた機能・用途が一旦なくなった後に、本来とは違う機能・用途を建物・構造物に与えることである。例えば、元々住居兼店舗であった日本の町家をレストランやカフェ、アートスタジオ、事務所などに改修して使用するのは「活用再生」の事例である。本来の機能・用途が時代の変化によって不要になったり、所有者や居住者が代わったりした時にこのような活用再生がおこなわれる。

二〇〇七年一〇月の施政報告で発表された新文化財行政の目玉事業「活化歴史建築夥伴計画（Revitalizing Historic Buildings Through Partnership Scheme, パートナーシップ方式による歴史的建造物の再生）」の目的は以下のように説明されている。

- 歴史的建造物の革新的な活用をおこなうことにより新たな文化的ランドマークをつくりだすこと
- 多くの空き家状態の歴史的建造物の維持補修費を捻出する手段であること
- 政府が資金提供し非政府組織（ＮＧＯ）を活用することによって短期間で目に見える成果を期待できること

事業概要は以下の通りである。

・NGOや民間企業が社会的企業（Social Enterprise, 以下SE）[11]という形式を採り、政府所有の歴史的建造物の活用をおこなう
・政府は一〇億香港ドルの予算を事業のために用意
・SEがこの事業を実施する最初の二年間は政府が五〇〇万香港ドルを上限として運営資金を提供する。三年目以降はSEの自立経営へ移行する
・SEが政府に支払う建物賃貸料は低額にする
・活用再生に伴う初回の建物構造の補修工事は政府が経費負担をする
・SEが歴史的建造物の活用計画を政府に提案し、政府と民間から成る委員会が最適な提案を選ぶ
・SE選定条件としては、活用再生により地元コミュニティが利益を享受する提案をしていること、そして
・対象とする建造物の様々な文化財価値を損なわない活用方法であること
つまり、政府が特定のSEを事業パートナーとして選定し、政府所有の歴史的建造物の活用を委託する。その活用内容は、例えばコミュニティ・センター、ハウス・ミュージアム、カルチャー・センターなどの教育施設、ユースホステル、店舗、アートギャラリー、カフェなどが想定されている。そうした活用をすることにより、一定の現金収入を得て、人件費や建物維持補修

費にあてようという考えである。

発展局はこの事業のためのパイロット・プロジェクトとして、七棟の政府所有建造物を選び、それらの活用提案の募集をおこなった。二〇〇八年五月の関心表明締め切り時には、七プロジェクトに対し合計一一四件もの関心表明が出された。最多の関心表明があった事業対象は九龍市街地に位置する「雷生春」であり、三〇団体が活用プロポーザルを提出した[12]。

（2）ブルーハウスの「活用再生」

活用再生事業が発表されてまもない二〇〇七年一〇月二〇日、林発展局長は新たにブルーハウスを活用再生パイロット・プロジェクトに追加することを明らかにした。このことは、これまで香港住宅協会が主導してきた再開発事業の大幅な転換を意味するものであった。二〇〇七年一二月、湾仔地区の保存マスタープランが発表された。新たな再開発計画によると、ブルーハウスには「歴史的建造物活用パートナーシップ計画」の枠組みを適用しながら「社会ネットワーク」を重視し「留屋又留人（建物を残し人も残す）」方法を採り、住民には転居か継続居住かの選択肢を与える。住民そのものを保存計画、特に社会ネットワーク保全の重要な要素として考える、というものであった。

これは事実上、香港住宅協会とＵＲＡをブルーハウス事業から撤退させ、既存の再開発計画を撤回し、代わりに発展局がイニシアティブをとり、従来市民が主張してきた保存・活用方法を取り入れるという大きな方針転換であった。この転換の理由は、住宅協会とＵＲＡの事業に対するブルーハウス住民・地域関係者による激しい反発が続いてきた経緯と共に、利東街、スターフェリーと立て続けに起こった都市保全の社会運動を受け、政府は従来型の再開発事業をブルーハウスにおいても転換せざるを得なくなったためである。発展局の新提案を住民や地区関係者は概ね歓迎している。新計画には未定の部分が多いものの、かつて住民たちが提案した内容がかなりの部分で政府に受け入れられたことは、住民たちや地域関係者に活動の自信を与えた。しかしながら、政府の新政策が純粋に住民の意思を尊重しての決断であったかと言えば、必ずしもそうではないだろう。草の根事業である「湾仔民間生活館」は、すでに大きな成功を収めている取り組みである。そうしたすでに成功している取り組み、確実に失敗のない事例を発展局のモデル事業として取り込み、発展局自身の成功と自負する、という意図が政府側に全くないとは言い切れない。

二〇〇八年二月、発展局はブルーハウス活用提案要項を公表、四団体が関心表明を提出した。二〇〇八年末時点で、各団体がプロポーザルの詳細を詰めている。長年ブルーハウスに関わってきたＳＪＳも当然関心表明をし、より民主的なブルーハウスの将来を目指し住民と話し合いを重ねながら計画を練っている。

政府による新政策のゆくえ

発展局のみならず、行政長官や複数の局を巻き込んだ新たな「歴史的建造物活用再生」の真価が問われるのはこれからであり、その最終的な評価を現段階で下すことは勿論できない。しかしすでにいくつかの批判や問題点が市民から指摘されている。

あるソーシャル・ワーカーは「活用再生」事業を含め、政府が打ち出した一連の文化財新政策は「都市計画手続きの民主化」については何ら明言をしていない、と指摘する。近年の一連の市民運動が一貫し、共通して要求してきたのは、文化財保存の更に上位の概念である「都市計画手続きの民主化」である。これに直接的に対応する、具体的な政策を政府は未だ打ち出していない。政府は意図的に議論の核心を逸らしているのではないか、と指摘する。従って、都市再開発の犠牲者が今後いなくなるという保証は未だどこにもない。

またある地域住民は、活用再生事業の主体には、民間企業によって設置される「社会的企業（SE）」が奨励されているが、大財閥企業が母体となるSEがこの枠組みに参入すれば、小規模で手弁当のSEは企画段階で太刀打ちできず参入が難しくなってしまう。また活用事業も、営利目的の経営に変質してしまうのではないか、と指摘する。

ある湾仔市民はまた別の指摘をする：政府はブルーハウスの保存活用再生事業をモデル事例として、他の地区へ応用することを計画しているが、地区の歴史や文化はシステム化できるものではない。例えば、香港文化の代名詞ともなっている「茶餐廳《チャツァンティン》（香港式カフェ）」は一つひとつの店が違う個性を持っている。マクドナルドのように、ひとつのシステムやマニュアルで全ての店舗を動かすようなことはできない。

二〇〇七年一〇月の行政長官による施政報告にはこのような「活用再生事業」の言及がある——「歴史的建造物の経済的・社会的利益を最大化するためには、保存するだけよりむしろ、積極的に活用再生されるべきだと私は考える。これはまた持続可能な保存の概念とも合致するものである。（中略）……ビジネス界が積極的に、その他の商業的価値のある歴史的建造物の活用再生に参加することを期待している[13]」。

施政報告にも明言されているように、政府は常に経済性や商業的価値を強調している。活用も商業的利用も、根本的に誤った考えでは勿論ない。ただ、香港政府のいう経済性とは何なのか、改めて問う必要があるだろう。香港では、ほとんどの場所で建物の高さ制限はない。八〇階建ての超高層が建てられる昨今、こうした超高層ビル群が生み出す経済的価値と三階建ての唐楼が生み出す経済的価値を同じ論理で捉えてはいないだろうか。土地は現金を生み出さなければ価値がない、ただ建っているだけの古い建物などは意味がない、という意識が政府の発言には常に付き纏っている。古い建物の最も重要な価値は目に見えないし、直接お金にもならない。そこに住んだ人々がゆっくりと積み重ねてきた経験・記憶、それがその建物の「価値」だからである。そういった価値を住民・市民らが掘り起こし、新たな解釈を加え、「物語」を紡ぎ出していく。それこそが最も優先して守られるべき価値である。

政府主導の活用再生事業の詳細が明らかになるにつれ、ブルーハウスの住民は、一人また一人と、移転を始めている。何十年もここに住み続け、ここが唯一無二の「故郷」である住民までもが、遠く離れた公営住宅などへの移転を始めている。先の見えない政府事業がこれから実施されるにつれ、過剰な束縛、制限を強いられる可能性を感じているからである。活用再生事業に伴い、ミュージアムの運営方法、そして存続自体を今後どのようにしていくのかという議論も始まっている。

香港市民が、ブルーハウスやその他のモデル事業となった歴史的建造物の物語をどう紡ぎ出し、そして新たな物語を描いてゆくのか。ブルーハウス・ミュージアムを含め、多くの草の根の試みは、今、岐路にある。

6　ブルーハウスの奇跡

ブルーハウス・プロジェクトは、稀に見る成功を達成した、コミュニティの保全と創生の事例である。プロジェクト理念として掲げられている「地域住民の社会参加を促す、プラットフォー

ムとしての ミュージアム」を、この事業は疑いなく実現している。ブルーハウスは地域住民が集う物理的なコミュニティ・スペースであるのみならず、彼らの精神的な拠点として育てられている。

香港という巨大都市の中心部で、このような強い帰属感と愛情を持ったコミュニティが存在することと自体が奇跡に思えてならない。この奇跡のような成功が、なぜ湾仔のこの場所で実現したのだろうか。

湾仔には、利東街というまちづくりの先行例があったことがひとつの理由である。利東街の住民運動に激励、支援され、そして利東街運動の経験を、ブルーハウスの人々は観察し、学び、選択することができた。

そしてブルーハウスには、才能豊かな地域住民とソーシャル・ワーカーが集まった。彼らは知恵を出し合い、ユニークで、地域への偽りない愛情に溢れた企画を次々に展開している。テレンスはブルーハウスの成功の理由のひとつは、プロジェクトの開放性ではないか、という。たまたま通りがかった人でも、湾仔の住民でなくとも、誰でもいつでも受け入れる開放性があると同時に、過度な束縛もしない。また、参加者の関係は常にフラットである。プロジェクトにはリーダーがいるようで、誰もリーダーではない。誰かが強い指揮を発揮するのではなく、皆ができることを、やりたいことを、自発的にする。

一般的に、まちづくりや民主化運動に関心を持ち積極的に参加するのは中流階級の人々である。格差社会の底辺にいる低所得者層の人々の参加は一般的には少ない。しかしブルーハウスにおいては、低所得者層の人々の積極的参加が少なからず見られる。この背景には、コミュニティへの愛情やコミュニティの仲間たちへの信頼感、深い相互関係があることをブルーハウスは教えてくれる。また、コミュニティにどれほど長く住んでいるかや、地元の出身かということは、コミュニティへの帰属感にはそれほど影響していないことも分かる。なぜなら、このコミュニティに積極的に参加している多くの新移民に私は出会ったからだ。大陸からやってきた彼らは、この新天地香港の真ん中に、新たな「ホーム」を見つけ、そして日々、築いている。私は確かに、「ホーム」が築かれてゆく過程をここで見た。アイデンティティはただ「守る」だけのものではなく、「創造」するものだということを、ブルーハウスは私たちに教えている。

注

（1）Conservation Guidelines for the Adaptive Re-Use of the 'Blue House' and its Immediate Surrounding Area, Architectural Conservation Office, 2002

（2）同注（1）

（3）参考文献9

（4）Our Lives in West Kowloon

（5）「香港　貧富の格差深刻、市民九割近くが懸念」ＮＮＡ、二〇〇八年二月六日

（6）原文 "Heritage Conservation" in Policy Address 2007, http://www.policyaddress.gov.hk/07-08/eng/p49.html, 二〇〇七年一〇月一〇日、筆者訳

（7）Development Bureau, "Legislative Council Panel on Home Affairs Heritage Conservation Policy", LC Paper No.CB(2)637/07-08(01), 二〇〇七年一二月二〇日

（8）李先知「土地再不単是庫房揺銭樹保育加土地架構見成効」明報、二〇〇八年一月二八日

（9）同注（7）

（10）林望「古き良き香港守れ　記憶の遺産　開発と保存（4）」アサヒ・コム、二〇〇七年一二月一八日

（11）「社会的企業」とは社会的課題の解決を目的として収益事業に取り組む事業者を指す。

（12）発展局、Press Releases "Overwhelming response to historic buildings revitalization scheme", http://www.heritage.gov.hk/en/online/press2008/20080522.htm, 二〇〇八年五月二二日

（13）原文 "Revitalising Historic Buildings" in Policy Address 2007, 筆者訳

第八章
香港を「ホーム」に

ブルーハウス・ミュージアムを見学する中学生

これまで紹介してきた都市再開発に対する社会運動の事例から読み取れる、現代香港社会のいくつかの側面を改めて見てみたい。

1 「香港人」アイデンティティと「ホーム」としての香港の再構築

本書で紹介した、そして紹介しきれなかった事例も含め、数々の都市再開発に関連し起きている社会運動は、香港独自のアイデンティティの探求、という共通した側面を持っている。「アイデンティティ」という言葉は必ずしもそれぞれの運動の中で主題になったわけではないが、運動の中から現れたキーワード、すなわち「集合的記憶」、「ローカル」、「社会ネットワーク」などは全て、アイデンティティの模索へと通じている。

林は一九九七年以降の香港のアイデンティティ探求の背景をこう表現している――「異民族(＝英国)の植民地支配から「解放」された「辺境(＝香港)」が、独立を選べずに「祖国(＝中国)」に復帰もしくは返還された。(中略)……そのため、「辺境」地域は、文化の再構成をもう一度経験しなければならず、またそのアイデンティティ形成の不安定な状態をふたたび克服しなければならないのである[1]」。

第五章5で見たように、香港市民の多くは「香港人でもあり中国人でもある」という二重のアイデンティティを持っている。しかしながら、本書で見てきた社会運動はいずれも、「中国人」としてのアイデンティティではなく、「香港人」としての「ローカル・アイデンティティ」あるいは「コミュニティ・アイデンティティ」の、市民自身の手による模索と発見、創造の試みである。その運動の中で出現したのが、広東語で「街坊《カイフォン》」あるいは「社区」と呼ばれる小規模なコミュニティへの人々の精神的回帰である。「街坊」あるいは「社区」の意味するところは、地理的な範囲のみならず、「コミュニティとしての繫がり」、「隣近所」といった人間関係をも含む。利東街、ブルーハウス、セントラル屋外市場などは皆「街坊」である。それはいずれも濃密な人付き合いに根ざすものである。現代的感覚からすれば、時に過干渉でおせっかいに感じるほどの濃密な人間関係が存在する。香港人ははっきりと断言する。「近所付き合いこそが我々の社会の大切な財産なのだ。だから、都市再開発で最も重要なのは、地区に存在する社会ネットワークを存続させることなのだ。そうやってこそ、社会問題の発生を回避することができる」(2)。香港で今でも残る「街坊」の濃密な人付き合いと相互扶助の精神。その理由の一端は、今でも社会に多くの貧困層が存在することと無関係ではない。しかしそれだけが理由ではないのだと思う。香港人皆が、直接・間接に持っている、移民の体験。貧しく、生きていくだけでも困難であった移民時代の記憶、その近現代の記憶の体験的共有が、他人を気にかけ思いやる精神を少なからぬ香港人が維持している理由のひとつではないだろうか。

香港の「社会ネットワーク」は決して永久不滅のものではなく、今まさに失われつつある脆弱なものでもある。過去二〇年以内に建った高層の集合住宅では、もはや近所付き合いはほとんどない。気密性の高い家々のドアは何重にも固く閉ざされ、人の声や物音が漏れ聞こえることもない。

直接には移民の実体験を持っておらず、経済的困難も経験していない一〇～二〇代の若い世代は、第五章で見たようにアイデンティティの危機にある。香港政府は公式に、彼ら若い世代に対して「国民教育（National Education）」を推進し、その中で「家国情懐（National Identity, 国民意識／国家アイデンティティ）」を醸成していくことを宣言している。[3] 国民教育を受ける一方、若者たちは、彼らの親や祖父母世代のものでありそして今目の前で消えつつある相互扶助の精神や社会ネットワークというものを再発見し、精神的に回帰することで、自らのアイデンティティの拠り所とし、彼ら自身の「ホーム」を香港に再構築しているように見える。彼らの社会運動への参加も、彼らのアイデンティティ、そしてホームを確立してゆく作業の過程なのである。

現在の三〇～四〇代にとって、香港はまぎれもない「ホーム」である。しかし彼らのホームは「英国植民地」としての香港であった。彼らが子供時代・青春時代を過ごした英国植民地としての香港は今や過去のものになり、次第に「中国色」に染まってゆく香港を日々感じている。従って、彼らにとっての香港アイデンティティも、一〇～二〇代の若者世代と同様に「保衛（防衛・

保護)」、あるいは再構築しなければならないものなのである。この世代は海外移民経験者が少なくない。返還前、香港の将来に不安を覚え、移民を決意した者の少なからずが、移民先で辛い経験をしている。移民できるのは高等教育を受けた専門技術者、いわば社会のエリート層に限られていたものの、移民先でなかなか専門職に就けず、肉体労働作業などをおこなわざるを得なかったり、白人からの差別を受けたりして、彼らのエリートとしてのプライドが破壊された。また彼らの多くが移民先の社会・文化になじめず、移民先でできた友人は、結局は香港人移民仲間だけだった。彼ら自身はその体験を皮肉って「移民監獄」と呼ぶ[4]。現代の新たな「移民経験」が、彼ら自身の「ホーム」はどこか、彼らは何者なのか、痛いほど実感させたのである。

第一章3で紹介したホールの二種類の文化アイデンティティを今一度考えてみたい。唯一絶対で不変であることに価値を置くアイデンティティと、不断の変容を受け入れるアイデンティティ。一連の社会運動の中に現れた「香港人アイデンティティ」を客観的に観るならば、それは疑いなく、激しい変容を続ける香港社会において、社会と同様に変わり続けるアイデンティティである。しかし、本書で紹介したような香港人一人ひとりは一体何を模索し、彼らの心情はどういったものなのだろうか。それはむしろ、香港という唯一の「ホーム」の上に確立される、絶対的で揺らぐことのないアイデンティティを、自己の中に創造、再構築し、揺らぎ続ける社会に対し表明していこう、という心情であると感じる。

2　香港都市づくり民主化のゆくえ

ここ数年の間に、香港市民は急速に「市民社会」や自らの権利、本質的な民主主義に目覚めた。市民たちの意識は香港政府の思考を遥かに追い越し、本書の冒頭で言及した「市民参加の梯子」（図3－1参照）を、彼らは急速に駆け上っている。

香港大学建築文物保護課程（Architectural Conservation Program）の李浩然《リー・ホーイン》とリン・ディステファノは「生きた都市保全四原則（The Conservation of a Living City: Four Principles）」を提唱している[5]：

①　生きた都市は、社会、政治、経済に適応して変化することを避けられないものである。生きた都市における文化財保存は、変化に抗うことではなく、変化の速度を管理（manage）することである

②　生きた都市の保存は、過去を保存することよりもむしろ、既存のものと新たに計画される都市環境の間の連続性を維持することである

③　その保存はまた、個別の建物よりもむしろ、都市コミュニティの中に幾重にも蓄積された財産、新しいものと古いものの混合、有形と無形の融合を保存することである

図８－１　URA再開発に抗議するバナーが掲げられる運動靴街の一角

④　そして都市文化財の保存とは、変化を管理すること（managing change）であり、その手法は、都市コミュニティによって価値付けられる有形と無形の文化財を護るやり方であるべきである

香港の現在とこれからに対する指針が、ここに示されている。

利東街、セントラル市場などで実践された市民提案型都市再開発計画の経験を更に発展させた新たな取り組みも出始めている。同じくURA再開発事業の対象となっている九龍市街地の通称「運動靴街（スニーカー・ストリート）」では、運動靴の小売業者でもある不動産所有者たちが合同で会社組織を立ち上げ、民間ディベロッパーとパートナーを組み、ジョイント・ベンチャーとして自ら再開発事業（self-redevelopment）をおこなうことを二〇〇八年三月に発表した(6)。店舗オーナーらによる代替計画案は、URA事業では実現されない再開発後のオーナー兼小売業者である人々の不動産所有と営業の継続実現を掲げ、さらにはURAの補償よりも高額な移転補償を提供することを宣言している。この計画では、URAと地元オーナーらが協働することも提案している。店舗所有者の九五％がすでにこの計画の支持を表明しているという(7)。

第三章1で紹介した「市民参加の梯子」モデルは、ある社会が一から八までの段階を順番に発展し、ついに最も高次の八の段階に辿り着いた後は、社会はその段階で永久に安定する、というものではない。おそらくどの社会も、一から八の間を行ったり来たり、前進と後退を永久に繰返していくのが現実である。海外の文化財保存や市民参加のまちづくり先進国の事例を見ればそれは明らかである。どの社会も、開発思考と保全思考、民主的都市計画と資本主義型都市開発が常に並存しているのであり、どちらかが完全に消えることも、両者の均衡が永続的に保たれることもおそらくない。

二〇〇八年七月、発展局局長は、URAの「都市再開発政策」の根本的な見直し作業を開始したことを発表した。激しい批判を受け続ける都市再開発政策を改善するため、様々な市民団体を招いた意見交換会、パブリック・コンサルテーションを実施し、二年間をかけての新たな政策づくりが予定されている。どのようなプロセスで、どのような内容の新たな都市づくり政策が生まれるのか、そこに「民主的」なまちづくりを見ることができるのか、これからの展開を見守りたい。

3　私たちの社会のゆくえ

日本の政治形態や文化財政策、都市計画制度などは表面上、香港の先を行っているようにも見える。しかし、市民社会と人間本位の都市づくりを、私たちは高いレベルで達成していると言えるのだろうか。

社会学者の定義によれば、市民社会が実現されていない社会とは、人々の相互信頼が薄く、逆に猜疑心が強く、政治に対する無力感が普遍的に存在し、法律制度に対する信頼感が欠乏し、政治機構に対しても信頼がない社会だという。

このような社会は、まさに今私たちが属している、私たちの唯一のホームであるはずの場所ではないだろうか。

そして何より、私たちは香港市民のように、闘ってでも守り抜きたい都市や場所への愛情、そしてコミュニティでの人間関係をそもそも有しているのだろうか。この国で私たちの守りたいものとは、何なのであろうか。

自分は何者であり、自分のホームはどこなのか。私は今でも、自分自身に問い続けている。

注

（1）参考文献3、二八〇頁
（2）参考文献16
（3）Hong Kong Government “The 2008-09 Policy Address: Embracinig New Challenges”, 二〇〇八年一〇月
（4）参考文献4、四八頁
（5）香港大学建築文物保護課程提供の教材、筆者訳
（6）Una SO “Sneaker St plays poker with the URA” The Standard, 二〇〇八年三月一四日
（7）“Owners float Sneaker Street offer in competition with government” South China Morning Post, 二〇〇八年三月一四日

参考文献（発行年順）

日本語文献

1 中嶋嶺雄『香港回帰　アジア新世紀の命運』中公新書一三六二、中央公論社、一九九七

2 石塚雅明『参加の「場」をデザインする　まちづくりの合意形成・壁への挑戦』学芸出版社、二〇〇四

3 林泉忠『「辺境東アジア」のアイデンティティ・ポリティクス　沖縄・台湾・香港』明石書店、二〇〇五

4 星野博美『転がる香港に苔は生えない』文藝春秋、二〇〇六

5 竹内孝之『返還後香港政治の一〇年』情報分析レポートNo.7、アジア経済研究所、二〇〇七

6 新村出編、『広辞苑』岩波書店、二〇〇八

中国語文献

7 李思名、余赴禮『香港都市問題研究』香港：商務印書館、一九八七

8 潘毅・余麗文編『書寫城市：香港的身份與文化 Narrating Hong Kong Culture and Identity』Oxford

University Press(China), 2003

9 湾仔区議会文化及康楽事務委員会属下文物保育及文康活動工作小組・聖雅各福群会社区発展服務「我們的石水渠街」、二〇〇六

10 陳翠兒など『THE 逼 CITY』香港：民政事務局出版、二〇〇六

11 胡恩威『香港風格 Hong Kong Style』香港：CUP出版、二〇〇六

12 龍應台編『思索香港』次文化現象文化系列61、香港：次文化堂、二〇〇六

13 徐振邦『集體回憶　香港地』香港：阿湯図書、二〇〇七

14 馬傑偉『後九七香港認同』香港：VOICE, 二〇〇七

15 香港社区組織協会 Society for Community Organization (SoCO)『活在西九 Our Life in West Kowloon』香港：香港社区組織協会、二〇〇七

16 周綺薇など編『黄幡翻飛處　看我們的利東街』香港：影行者有限公司、二〇〇七

17 鄧鍵一・黄浩然編『通識詞典1』香港：CUP出版、二〇〇七

18 鄧鍵一編『通識詞典2』香港：CUP出版、二〇〇七

19 関注旧區住屋権益社工聯席編著『書寫重建　市區重建服務彙編』立法会議員張超雄辦事處、二〇〇七

20 陳建民・伍瑞瑜編著『衆聲喧嘩』香港：上書局、二〇〇八

英語文献

21 Arnstein, Sherry R., "A Ladder of Citizen Participation" JAIP, Vol.35, No.4, July 1969

22 Smith, Carl Thurman, *A Sense of History. Studies in the Social and Urban History of Hong Kong*, 香港：Hong Kong Educational Publishing Co. 1995

23 Abbas, Ackbar, *Hong Kong：Culture and the Politics of Disappearance*, Hong Kong：Hong Kong University Press, 1997

24 Ng, Mee Kam, "Property-led Urban Renewal in Hong Kong：Any Place for the Community?" in *Sustainable Development*, 10, 2002

25 Cody, Jeffery W., "Heritage as Hologram：Hong Kong After A Change in Sovereignty, 1997–2001," in *Disappearing Asian Cities*, Oxford University Press, 2002

26 Tsang, Steve, *A Modern History of Hong Kong*, Hong Kong：Hong Kong University Press, 2004

27 Chan, W.K., "Urban Activism for Effective Governance A New Civil Society Campaign in the HKSAR", 香港シラキュース大学・Roundtable Social Science Society 主催会議 First Decade and After：New Voices from Hong Kong's Civil Society, http://www.susdevhk.org/resource.php?cat_id=1, 二〇〇七年六月

あとがき

私の香港人の友人一人ひとりには、私には計り知れないアイデンティティや居場所、国籍の葛藤がある。だからこそ彼らは自分の「ホーム」がどこであり、それをどのようなものにしたいのか、若い頃から真剣に向き合わざるを得ない。そんな彼らは同時に、他者への寛容性と無償の手助けの精神を知らずのうちに身につけている。私は彼らのような人々に、日本で出会ったことはない。

まえがきに名前を記した本書の主要な貢献者である友人たちに、再度感謝します。

李浩然（Hoyin）、Lynne DiStefano, 劉少瑜（Stephen）、Ken Nicolson, 衞翠芷（Rosman）、Salie Wang, George Martin の各氏は、専門家としての惜しみない助言と協力と共に、香港を訪れるたびに私を家族同然にいつも温かく迎え、調査に対しても無償の助けを与えてくれました。皆の底知れぬ深い深い思いやり、優しさ、温かさには感謝し尽くすことができません。あなたたちに出会えたことが、私の幸運の始まりです。

正義感に溢れ、目を輝かせながら地域の活動に日々奔走しているＳＪＳスタッフの皆さん、湾仔民間生活館スタッフの皆さん及びブルーハウス住民の皆さんは、外国人の私を不審に思うこともなく温かく接していただき、忘れられない思い出をいただきました。

李浩然（Hoyin）、周思中、Ip Iam Chong, Victor Yuen, 柏齊、維怡、ＷＣＣメンバーの方々には素晴らしい画像を快く提供していただきました。

以下の皆さんには、専門家・友人としての多大な助言・協力をいただきました。心から感謝いたします。何心怡（May）、雷永錫（Adrian）、Cecilia CHU, 周希旋（Suki）、朱立徳（Tak）、王國興（Dominic）、姚展鵬（Benjamin）、何秀蘭（Cyd）、香港大学建築文物保護課程（ＡＣＰ）の学生の皆さん。

本書の内容は、財団法人福岡アジア都市研究所の研究助成を得て実現した研究の成果をまとめたものです。研究所の皆様からは温かい励ましと応援をいただき、そして何よりも私が香港と出合う機会と、本書が生まれるきっかけを与えていただきました。お礼申し上げます。

本書の内容や私の研究に常に惜しみない助言と指導を下さる土居義岳先生、本書を「九大アジア叢書」として出版する機会を与えて下さった九州大学アジア総合政策センター、九州大学出版会の奥野さんをはじめとする皆様に、心より感謝申し上げます。

最後に、私の家族に心から感謝します。

福島綾子

〈著者略歴〉

福島綾子（ふくしま・あやこ）

九州大学大学院芸術工学研究院・助教。専門は文化財学。国内外の文化財価値調査，保存計画の理論研究と実践をおこなう。
早稲田大学第一文学部考古学専修卒。早稲田大学大学院文学研究科考古学専攻修了。文学修士。フルブライト奨学生としてペンシルバニア大学デザイン研究院歴史環境保存プログラム（Historic Preservation Program）に留学，修了。MSc in Historic Preservation.
1999 年から 2001 年まで，ユネスコ北京事務所文化セクターに文化遺産専門国連ボランティアとして勤務。2004 年より 2006 年まで株式会社キャドセンターデジタルアーカイブ・ラボ研究員。2006 年より九州大学芸術工学研究院に助手として赴任，2007 年より現職。

〈九大アジア叢書 12〉

香港《ほんこん》の都市再開発《としさいかいはつ》と保全《ほぜん》

――市民によるアイデンティティとホームの再構築――

2009 年 3 月 15 日　初版発行

著　者　福　島　綾　子

発行者　五十川　直　行

発行所　(財)九州大学出版会
〒812-0053 福岡市東区箱崎 7-1-146
九州大学構内
電話　092-641-0515(直通)
振替　01710-6-3677
印刷・製本／大同印刷㈱

 ISBN978-4-87378-987-3

「九大アジア叢書」刊行にあたって

九州大学は、地理的にも歴史的にもアジアとのかかわりが深く、これまでにもアジアの研究者や留学生と様々な連携を行ってきました。また、「アジア重視戦略」を国際戦略の重要な柱として位置づけ、アジア研究を推進すると共にアジアの歴史や文化、政治や経済などを学ぶ各種の学生交流プログラムを促進しています。

グローバル化が進むアジア地域は、経済格差、環境問題、人権問題や民族間の対立などの地球規模の課題が先鋭的に表れる一方、矛盾や対立を乗り越えるための様々な叡智や取り組みが存在しています。このような現代社会の課題に対して、九州大学の教員には、それぞれの専門分野での知見を深めつつ、国境や分野を越えて総合的に問題解決に挑んでいくことが期待されています。

九州大学アジア総合政策センターは、これまでのアジア総合研究センター（KUARO）を発展的に改組し、現代のアジアを総体的に捉え、政府、地方自治体、企業、市民社会に対して開かれた新たな知的拠点の形成を目指して二〇〇五年七月に設置されました。アジア総合政策センターでは、これまで出版されてきたKUARO叢書を受け継いで、アジアに関する研究成果を分かりやすく紹介するために「九大アジア叢書」を刊行いたします。

二十一世紀、九州大学がアジアにおける知のリーダーシップを率先して発揮し、アジアの研究者とネットワークを形成することで、日本を含めたアジア地域の平和と持続的発展に貢献することを切望してやみません。

二〇〇六年三月

九州大学総長　梶山千里

KUARO叢書

（表示価格は本体価格）

1 アジアの英知と自然
――薬草に魅せられて――

正山征洋 著

新書判・一三六頁・一、二〇〇円

今や全世界へ影響を及ぼしているアジアの文化遺産の中から薬用植物をとりあげ、歴史的背景、植物学的認識、著者の研究結果等を交えて、医薬学的問題点などを分かり易く解説する。

2 中国大陸の火山・地熱・温泉
――フィールド調査から見た自然の一断面――

江原幸雄 編著

新書判・二〇四頁・一、〇〇〇円

大平原を埋め尽くす広大な溶岩原。標高四、三〇〇mの高地に湧き出る温泉。二〇〇万年以上にわたって成長を続ける巨大な玄武岩質火山。一〇年間にわたる日中両国研究者による共同研究の成果を、フィールド調査の苦労を交えながら生き生きと紹介する。

3 アジアの農業近代化を考える
――東南アジアと南アジアの事例から――

辻 雅男 著

新書判・一四〇頁・一、〇〇〇円

自然依存型農業から資本依存型農業へ。アジアの農業・農村の近代化の実態を生産から流通の現場に立ち入り解明するとともに、農業近代化がアジアの稲作農村共同体に及ぼす影響を考察する。

4

中国現代文学と九州
——異国・青春・戦争——

岩佐昌暲 編著

新書判・二五二頁・一、三〇〇円

九州に学び、文学の道を歩んだ中国人留学生、大陸や植民地で執筆活動をした九州出身作家、激動の時代を背景に、彼らの生の軌跡を追う。

5

村の暮らしと砒素汚染
——バングラデシュの農村から——

谷　正和 著

新書判・二〇〇頁・一、〇〇〇円

ガンジス川流域の広い地域で起こっている地下水の砒素汚染について、NGOとともに実際に調査・対策に取り組んできた著者が、環境人類学の視点から、持続的かつ効果的な援助のあり方を考える。

九大アジア叢書

6

スペイン市民戦争とアジア
——遙かなる自由と理想のために——

石川捷治・中村尚樹 著

新書判・一八二頁・一、〇〇〇円

七〇年前に市民が人間の尊厳と自由を守るために立ち上がったスペイン市民戦争。今日のスペイン・ルポとともに、これまで注目されてこなかった、日本をはじめアジア諸国の人々との関連を明らかにする。

7

昆虫たちのアジア
――多様性・進化・人との関わり――

緒方一夫・矢田 脩・多田内修・高木正見 編著

新書判・二一六頁・一、〇〇〇円

圧倒的な多様性を誇る昆虫を通じてアジアの自然史を紹介する。熱帯アジアのチョウ類、中央アジアのハナバチ類等に関連した多様性と進化の観点からの話題と、害虫とその天敵による防除などの人々の暮らしについての話題を取り上げる。

8

国際保健政策からみた中国
――政策実施の現場から――

大谷順子 著

新書判・二三二頁・一、二〇〇円

急激な経済発展やオリンピック開催で世界の注目を受ける一方、SARSや鳥インフルエンザの流行でも関心を集める中国。国際機関職員として政策の実施に取組んだ著者が、人口、感染症や生活習慣病対策など、国際保健分野から中国を描く。

9

中国のエネルギー構造と課題
――石炭に依存する経済成長――

楊 慶敏・三輪宗弘 著

新書判・二〇四頁・一、〇〇〇円

中国は世界最大の石炭の埋蔵量と産出量を誇っており、現在でも消費エネルギーの大半を石炭に依存している。本書は新中国成立以降の石炭産業の歴史を概説し、近年の改革開放政策下での実態を解明する。今後の中国の資源エネルギー問題を知るうえでも好個の書。

10

グローバル経営の新潮流とアジア
――新しいビジネス戦略の創造――

永池克明 著

新書判・一八六頁・一、〇〇〇円

グローバル化の中で世界のビジネスやアジアの役割はどう変化し、地域、企業そして個人はどのように対応していけばよいのか。長年ビジネスの第一線に身を置いてきた著者が熱くそして平易に語る国際ビジネス入門書。

11

四日市康博　編著

モノから見た海域アジア史

――モンゴル～宋元時代のアジアと日本の交流――

新書判・二一六頁・一、〇〇〇円

古来より国と国、地域と地域を分け隔て、結びつけた「海域」は人・モノ・文化の交流の舞台となってきた。中世の海域アジアを行き交った様々なモノを通じて考古学・日本史・東洋史を専門とする各研究者が日本とアジア、ユーラシアの交流の諸相を解説する。